江西理工大学清江学术文库

国家自然科学基金课题资助，编号：61763018

江西省教育厅重点课题资助，编号：GJJ170493

数据感知优化技术及其应用

樊宽刚　张小根　陈仁义　徐文堂　王渠　著

北　京

冶金工业出版社

2021

内 容 提 要

本书通过无线传感器网络与压缩感知理论的融合研究，旨在找到更优的算法实现重构。根据已有的研究成果，总结了压缩感知理论中的两个重要组成部分——观测矩阵和重构算法，并列举了不同的观测矩阵，进行性能优劣的对比总结。研究了几种不同的重构算法——基追踪算法、梯度追踪优化算法和正交匹配追踪算法，比较它们的优缺点后，对各类算法进行了分析，分别给出了框架，并建立相应的模型进行仿真。通过研究改进后的算法进行数据融合，验证了该算法的可行性和有效性。

本书可作为数据感知优化技术设计提高的技术支持和设计参考，也可作为相关领域本科生、研究生和工程技术人员的教材和参考书。

图书在版编目 (CIP) 数据

数据感知优化技术及其应用/樊宽刚等著 . --北京：冶金工业出版社，2018.8 （2021.3 重印）

ISBN 978-7-5024-7856-8

Ⅰ. ①数… Ⅱ. ①樊… Ⅲ. ①数据处理—研究 Ⅳ. ①TP274

中国版本图书馆 CIP 数据核字 (2018) 第 167472 号

出 版 人　苏长永
地　　址　北京市东城区嵩祝院北巷 39 号　邮编　100009　电话　(010)64027926
网　　址　www. cnmip. com. cn　电子信箱　yjcbs@ cnmip. com. cn
责任编辑　张熙莹　封面设计　北京京圣元文化传播有限公司　版式设计　孙跃红
责任校对　王永欣　责任印制　李玉山
ISBN 978-7-5024-7856-8
冶金工业出版社出版发行；各地新华书店经销；北京中恒海德彩色印刷有限公司印刷
2018 年 8 月第 1 版，2021 年 3 月第 2 次印刷
169mm×239mm；9.75 印张；188 千字；145 页
42. 00 元
冶金工业出版社　投稿电话　(010)64027932　投稿信箱　tougao@ cnmip. com. cn
冶金工业出版社营销中心　电话　(010)64044283　传真　(010)64027893
冶金工业出版社天猫旗舰店　yjgycbs. tmall. com
（本书如有印装质量问题，本社营销中心负责退换）

前　言

随着科学技术的发展，传感器技术、微系统技术、无线通信等技术在生活中得到了更广泛的应用，多源传感器系统对应的应用领域正在不断地延伸，使得监测范围内的 WSN 拓扑结构变得越来越复杂，而且节点采集的数据量也变得越来越庞大。由于传感器节点受电池性能、处理能力、存储容量以及通信带宽等方面的限制，整个无线传感器网络在收集信息和能量消耗方面存在很多缺陷与不足，已成为无线传感器网络在可靠数据传输方面的最大挑战。本书针对上述问题，通过研究压缩和采样同步进行的压缩感知技术可以在很大程度上解决以上因素的限制，提高了信息的准确性和全面性，增加了系统的可靠性和实时性。

多传感器数据融合是一种多层次、多方面的处理过程，这个过程是对多源数据进行检测、互联、相关、估计和组合，并以更高的精度、较高的置信度得到目标的状态估计和身份识别以及完整的势态估计和威胁评估，为用户提供有用的决策信息。研究表明，对于一般的无线传感器网络，传感器节点的大部分能量都消耗在无线通信模块。对于大规模的传感器网络而言，如果感知数据直接通过传感器节点传送到汇聚节点，网络内部大量的数据传输使得其能量和带宽的要求提高，因此通过对数据进行压缩来减少存储和通信压力显得至关重要。

本书的研究内容包括以下三大部分：第 2~3 章主要研究无线传感器网络的体系结构以及数据管理技术，分别研究了数据管理的关键技术及数据管理系统，详细分析了 DisWareDM 的整体功能和系统结构设计；第 4~7 章主要研究压缩感知的优化算法，分别研究了基追踪算法、梯度追踪优化算法以及正交匹配追踪算法，得出不同种类的追踪算法的优缺点，根据结果对重构算法进行择优选择；第 8 章主要研究数据的压缩及融合，研究了多源传感器的数据融合并建立了结构模型和功能模型，提出了基于块稀疏系数模型重构的压缩感知方法，通过仿真表明压缩率可达 80%，进一步提出了集中式的压缩感知算法，仿真结果表明温度、湿度两个变量在正常的范围内波动，巷道的舒适度始终处于舒适状态。本书可作为数据感知优化技术设计提高的技术支持和设计参考，也可以作为相关领域本科生、研究生和工程技术人员的教材和参考书。

本书是由江西理工大学无线传感器网络实验室的人员编写，由樊宽刚统筹规划并做最后整理，王文帅、刘平川和侯浩楠参与了第 1 章和第 9 章的编写；陈仁义和刘汉森参与了第 2~3 章的编写；张小根、徐文堂和肖晶晶参与了第 4~7 章的编写；王渠和邱海云参与了第 8 章的编写。此外，也感谢其他人员对本书的大力支持。

本书获得江西理工大学资助出版，同时本书内容涉及的研究得到了国家自然科学基金课题（编号：61763018）和江西省教育厅重点课题（编号：GJJ170493）的资助，在此表示衷心的感谢！

由于编者水平有限，加之数据感知优化技术的发展十分迅速，不足之处，恳请读者不吝赐教，对本书提出宝贵意见。

樊宽刚

2018 年 6 月

目　录

1　绪　　论

1.1　基本知识介绍

无线传感器网络（wireless sensor networks，WSN）定义：无线传感器网络是由部署在监测区域内大量的廉价微型传感器节点组成，通过无线通信方式形成的一个多跳的自组织的网络系统，其目的是协作地感知、采集和处理网络覆盖区域中被感知对象的信息，并发送给观察者。传感器、感知对象和观察者构成了无线传感器网络的三个要素。

压缩感知（compressed sensing）定义：压缩感知也被称为压缩采样（compressive sampling）、稀疏采样（sparse sampling）、压缩传感。作为一个新的采样理论，它通过开发信号的稀疏特性，在远小于 Nyquist 采样率的条件下，用随机采样获取信号的离散样本，然后通过非线性重建算法完美的重建信号。

现代信号处理的一个关键基础是 Shannon 采样理论：一个信号可以无失真重建所要求的离散样本数由其带宽决定。但是 Shannon 采样定理是一个信号重建的充分非必要条件。在过去的几年内，压缩感知作为一个新的采样理论，它可以在远小于 Nyquist 采样率的条件下获取信号的离散样本，保证信号的无失真重建。压缩感知理论一经提出，就引起学术界和工业界的广泛关注。

压缩感知理论的核心思想主要包括两点。一点是信号的稀疏结构。传统的 Shannon 信号表示方法只开发利用了最少的被采样信号的先验信息，即信号的带宽。但是，现实生活中很多广受关注的信号本身具有一些结构特点。相对于带宽信息的自由度，这些结构特点是由信号的更小的一部分自由度决定。换句话说，在很少的信息损失情况下，这种信号可以用很少的数字编码表示。所以，在这种意义上，这种信号是稀疏信号（或者近似稀疏信号、可压缩信号）。另一点是不相关特性。稀疏信号的有用信息的获取可以通过一个非自适应的采样方法将信号压缩成较小的样本数据来完成。理论证明压缩感知的采样方法只是一个简单地将信号与一组确定的波形进行相关的操作。这些波形要求是与信号所在的稀疏空间不相关的。

压缩感知方法抛弃了当前信号采样中的冗余信息，它直接从连续时间信号变换得到压缩样本，然后在数字信号处理中采用优化方法处理压缩样本。这里恢复信号所需的优化算法常常是一个已知信号稀疏的欠定线性逆问题。

随着科学技术的发展，传感器技术、微系统技术、无线通信等技术在生活中得到了更广泛的应用，在此背景下诞生的无线传感器网络技术，可更好地服务于人类生活中的各个领域。由于多源信息系统的应用领域不断延伸，使得监测区域的无线传感器网络的结构越来越复杂。由于传感器节点受电池性能、处理能力、存储容量以及通信带宽等方面的限制，将压缩和采样同步进行的压缩感知技术可以在很大程度上解决以上因素的限制。因此，本书对基于无线传感器网络的压缩感知优化算法及数据融合技术进行了研究。

在现代的传感器技术、通信技术和微电子技术的飞速突破的过程中，多源传感器系统对应的应用领域正在不断延伸，使得监测范围内的 WSN 拓扑结构变得越来越复杂，而且节点采集的数据量也变得越来越庞大，因此数据融合技术将会得到很好的利用与发展，成为前沿的技术领域。此项技术的核心思想是把节点处采集的原始数据进行有效地融合，降低数据的传输量，进而降低网络中能量的浪费，优化各项性能指标。因为在现实的环境中 WSN 具有可靠的动态性，所以在以往的采用传统数据融合技术时会一直受到数据的实时性、准确性、可靠性等现实问题的干扰与困惑。这一问题提出后，引起了广大研究者的关注，压缩感知理论为解决 WSN 中的问题带来了新的解题思路。此理论不仅可以有效解决采集数据时的精准性与可靠性等问题，而且还能够大幅减少网络中传输数据时的数据量。

压缩感知理论的出现为信号压缩采样研究开辟了一个全新的思路，根据国内外研究的现状，在将压缩感知理论和无线传感器网络结合时，必须考虑无线传感网络受自身条件限制的影响，而最大限度地突破这些条件的限制是压缩感知理论能有效应用于无线传感网络的关键所在，因此，对于压缩感知算法的优化也是发展趋势。

1.1.1 无线传感器网络基本知识

无线传感器网络（WSN）是在传感器技术、微系统技术、无线通信等技术的快速发展的基础上诞生的。WSN 实质上是由随机分布在监测区域内的微小节点在无线通信技术的基础上形成的一个自组织网络。WSN 能起到桥梁的作用，将客观世界的物理信息与传输网络的信息紧密联系在一起，这对人们获取信息的能力有很大的扩展和延伸。近年来，无线传感器网络在军事、环境监测和预报、健康护理、智能家居、建筑物状态监控、复杂机械监控、城市交通、空间探索、安全监测等领域都有非常广阔的应用[1]。现如今，无线传感器网络快速发展，存在并服务于人们生活的各个领域。无线传感器网络作为一个热门的研究领域，在基础理论和实际应用两个层面向科技工作者提出了大量挑战性的研究课题[2]。

有研究表明，对于一般的无线传感器网络，传感器节点的大部分能量都消耗在无线通信模块[3]。对于大规模的传感器网络而言，如果感知数据直接通过传感器节点传送到汇聚节点（SINK），网络内部大量的数据传输将使其对能量和带宽的要求提高，因此通过对数据进行压缩来减少存储和通信压力显得至关重要。

WSN 结构如图 1-1 所示。

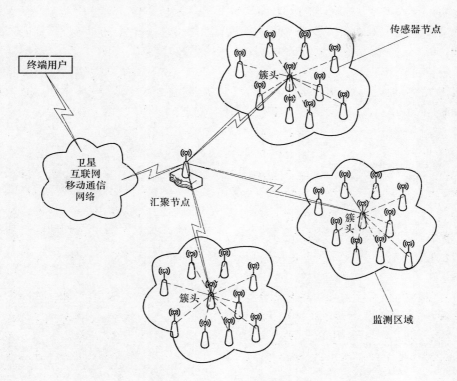

图 1-1　WSN 结构示意图

在现实的运用里，数据传输量减少能够降低网络时延与能耗，优化网络性能，降低网络拥塞。压缩感知的核心思想是将压缩与采样合并同时进行，即首先采集信号的非自适应线性投影测量值，然后根据相应重构算法由测量值重构原始信号[6]。其优越性在于信号所投影的数据量大大减少。压缩感知理论能够将网络的存储和传输数据的能力实现质的提升，这也使得它在 WSN 领域能够大有作为。随着无线传感器网络的发展，应用的场景也越来越复杂，导致压缩感知理论不能很理想地运用于无线传感器网络。因此，找到更优的算法将压缩感知理论更好地应用于无线传感器网络中意义非凡。

1.1.2　压缩感知基本知识

在传统的信号采样过程中，人们必须根据 Nyquist 采样定理来对信号采样。Nyquist 采样定理是由 Nyquist 提出的采样定理，其要求采样频率 f_s 必须大于信号

频谱中最高频率 f_{max} 的 2 倍，即：

$$f_s > 2f_{max} \qquad (1-1)$$

只有这样才能根据采样点精确恢复出原始数据，否则信号将无法精确恢复出来。Nyquist 采样定理后来又经过 Shannon 等人进一步完善，使得信号领域快速发展。采样定理作为传统信号采样所应遵循的规律，它指导了 20 世纪信号的采集、压缩、储存、传输。图 1-2 所示为传统的信号处理过程。

图 1-2　传统的信号处理方法

随着时代的进步和发展，我们正在逐渐进入大数据时代（big data），人们需要处理的数据量成倍增加，信号带宽也越来越宽，对处理数据的设施要求不断提高。受到采样定理制约的传统数据处理方法逐渐暴露了其不足，它的缺陷主要有两点：

（1）数据的采集和处理方面。在很多实际应用中，受到采样定理制约的传统数据处理方法采样硬件造价高昂，获取数据的效率低下，而且有可能无法成功采集。

（2）数据的储存和传输方面。传统的做法是先按照 Nyquist 采样定理采集数据，然后将采集到的数据进行压缩，最后再将压缩后的数据进行储存或传输。显而易见，这样的数据存储和传输方式会造成相当大程度的资源浪费。

显然 Nyquist-Shannon 理论已经渐渐不能满足人们的需要，人们迫切希望寻找到一种新的信号处理方式来取代 Nyquist-Shannon 理论。事实证明，要精确地重构信号采样频率并不一定要大于信号频谱中最高频率的 2 倍。

2004 年，D. Donoho（斯坦福大学教授）、E. Candes（斯坦福大学教授）及华裔科学家 T. Tao（加利福尼亚大学教授）等人一起提出了一种新的数据处理指导理论，即压缩感知理论。压缩感知理论表示，即使采样频率低于信号频谱中最高频率 2 倍，依然有可能利用这些采样得到的数据来精确地还原出原始信号。应用压缩感知技术后，将会大大降低实际应用中人们对采样设备的要求，节省大量存储资源，方便更快地数据传输。图 1-3 所示为压缩感知理论框架。

与传统的信号处理方式相比，压缩感知把数据的采集部分和压缩部分合二为一了，大大减少了对信号的观测次数，然后把还原信号交给计算能力强的计算机进行处理，这将大大有利于人们对信号的处理。很显然压缩感知技术能突破人们当前在信息领域所遇到的瓶颈，能有效地减少人们对数据的采样，能用很少的数据还原出大量所需的数据，方便对数据的存储和运输。虽然目前压缩感知理论的

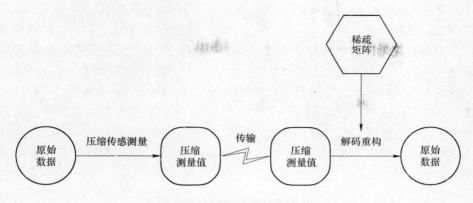

图 1-3 压缩感知理论框架

研究才刚刚起步，但它表现出来的应用前景十分可观，它将让信号处理领域产生巨大的变化。

1.2 国内外研究现状

1.2.1 无线传感器网络的研究现状

WSN 是无线和信息科学的新趋势。WSN 原本源于美国国防研究课题，尽管开展 WSN 的研究时间很短，但其发展十分迅速。发达国家密切观察着 WSN 的动态，很多高校都建立了 WSN 相关技术的研究团队。Crossbow 公司很早就开始开展了 WSN 的工作，许多其他的公司都使用它的成果。各个机构都在此基础上进行 WSN 相关技术的科研。

最先研究 WSN 的是美国军方，其研究的 TPD6V8LP-7 的项目包括 CEC、REMBASS、TRSS、Sensor IT、WINS、Smart Dust、SeaWeb、μAMPS、NEST 等，隶属于美国国防部的远景计划研究局，为支持大学进行 WSN 技术研发，已经投入了几千万美元。美国国家自然基金委员会（NSF）非常重视 WSN 的研究，支持了大量与 WSN 相关的科研项目，2003 年，美国国家自然基金委制定并通过了关于 WSN 的科研计划，计划每年投入 3400 万美元支持研究，还在加州大学洛杉矶分校建立了 WSN 研究中心。不仅如此，美国能源部、美国交通部、美国国家航空航天局等部门也都对 WSN 相当重视，都采取了一定的措施投入研究。2009年 1 月，IBM 总裁彭明盛提出"智慧地球"的崭新理念，美国总统奥巴马密切响应，他表示要把 WSN 上升到国家级发展战略。美国的著名院校基本上都成立了专门从事 WSN 研究的研究小组，Crossbow、Moteiv 等一批以 WSN 节点为主营产品的公司已经家喻户晓，他们研发的产品为众多研究机构创造了便于研究的硬件平台，因此许多研究机构开始研究大规模的无线传感器网络。

　　加拿大、芬兰、英国、德国、意大利和日本等国家也都争先恐后地开始了无线传感器网络的研究，涌现出众多的研究机构。其中欧盟第六个框架计划将信息社会技术作为优先发展的科技领域，其中多处涉及 WSN 方面的研究。企业界中欧盟与日本的众多企业也都开展了无线传感器网络方面的相关研究。

　　目前，国外对 WSN 的研究已取得了一定的成果。S. Wang 博士及其科研团队提出了一种用于无线传感器网络（WSN）并具有不同类型的测距测量，包括到达时间、无线电信号强度、到达角度和多普勒频率的通用协调定位器（UCL）[7]。H. Y. Jeong 博士得出了集中在 WSN 中的整体应用系统的安全特性，从现有的基于网络的软件系统的安全要求和标准中得出安全属性，并演示了基于网络的软件系统和具有分析层次过程的 WSN 应用系统的相对优先级的改变[8]。L. Shen 针对数据完整性保护，为 WSN 给定了一个指定验证者的基于身份的聚合签名（IBAS）方案，其不仅可以保持数据的完整性，还可以降低无线传感器网络的带宽和存储成本[9]。B. Zebbane 提出了一种用于无线传感器网络的分布式轻量级冗余感知拓扑控制协议（LRTCP），它通过将网络划分成组来利用相同区域中的传感器冗余，以便通过保持最小的工作节点并关闭冗余网络来维持连接的骨干网，提高了网络容量和能量效率[10]。Z. Jia 博士及其科研团队在 2017 年提出了基于角度（APS）和源位置增强协议（EAPS）的 WSN 中的源位置的隐私保护协议，来改进无源传感器网络（WSN）中的源位置隐私安全保护和节点能量利用[11]。

　　我国对 WSN 的研究开始得相对较晚，目前有很多关于 WSN 的实验，许多关于无线传感器网络的实验室也陆续成立，一些无线传感器网络论坛也陆续开办。2001 年，中国科学院为实施 WSN 方面的研究工作，在上海微系统与信息技术研究所成立了微系统研究与发展中心。我国越来越多的学者开始重视 WSN 的研究，南京邮电大学、哈尔滨工业大学和北京邮电大学等高校均已开始了该领域的科研工作，南京邮电大学的无线传感器网络研究中心成绩较为突出，在 WSN 领域已经有了一些优秀科研成果。国家自然科学基金委员会审批了与 WSN 相关的多项课题，2005 年，将 WSN 的基础理论和关键技术列入计划，2006 年又将水下移动 WSN 的关键技术列为重点研究项目。国家发改委下一代互联网（CNGI）示范工程中，也设置了与 WSN 相关的课题。2009 年 8 月，温家宝总理在无锡考察时提出"感知地球"的战略构想[12]，之后的一段时间里他又陆续地强调了传感网络以及互联网技术的重要性。在这其中，已经小有成就的主要是部分高校，如清华大学、浙江大学、中国科学技术大学等高校已经研发出来了部分基站和终端节点。与此同时，中国移动、华为和中兴等很多国内知名企业也开始研究 WSN 的相关技术。我国提出了许多与 WSN 相关的研究项目，如"新一代宽带无线移动通信网络"等，这些项目基本是由高校、科研机构和企业承担或者共同参与完成。近几年有一些成果不断涌现出来。于海从无线传感器网络存在威胁、提高路由协议安全性、减少能量消耗等方面研究了如何提高网络的安全性与生存时间[13]。西安电子科技大学方德亮老师与他的团队针对无线传感器网络多目标跟踪传感器分配问题，考虑节点能量受限，提出了一种保证跟踪精度、高效节能的分布式传感器管理算法[14]。谭营军结合能量消耗在无线传感器网络的具体特点，在无线传感器网络中引入蚁群算法，提出了基于蚁群算法的能量均衡的无线传感器网络路由方法[15]。范燕和她的科研团队提出了一种将互联网、移动通信、WSN、传感器网络以及自动控制等多种技术融为一体的远程监控方案[16]。蒋锐针对无线传感器网络非测距定位方法的应用，提出了基于质心迭代估计的节点定位算法，通过多次迭代的方法提高了节点定位精度[17]。

总的来说，WSN 正处于迅速发展时期，国内外都对 WSN 进行着密切的研究工作。但是由于研究的时间较短和所花费的资源较大等原因，实际应用情况相对较少。但随人们继续深一步探究，在不久的将来，WSN 技术肯定会有更多惊人的成就。

1.2.2 压缩感知的研究现状

近些年，随着无线传感器网络技术领域的拓展，大数据时代的到来，越来越庞大的数据量对现存的采集和传输工具提出了更高的要求，因此压缩感知应运而生。目前，压缩感知理论对采集数据的有效压缩已成为极热门的研究方向，备受瞩目。

早在 1970 年，人们在一次数据处理中就发现了 Nyquist 采样定理的限制是可以突破的，但是当时还没有完善的理论证明这一点。随着人们对 Nyquist 采样定理研究的深入，"新息率"的采样策略被提出，某个信号在单位时间内具有有限自由度，称该自由度为新息率，这就是压缩感知理论发展的基础。随着对稀疏信号的重构和新兴采样定理研究的不断深入，人们发现有时候仅仅利用远低于原始信号的测量数据就可以还原出原始信号，前提是信号必须是稀疏的。压缩感知理论由斯坦福大学的 E. Candes[18]、加州大学洛杉矶分校的 T. Tao[19]、斯坦福大学的 D. Donoho[20]（美国科学院院士）以及莱斯大学的 R. Baraniuk[21]等该领域的先驱者于 2006 年提出，后来人们在测量原始信号时就只测量自己重构原始信号所需要的测量值，这就是压缩感知的理论基础。自从压缩感知理论提出之后，发达国家中许多高校都专门成立了压缩感知实验室，随后许多国际公司和实验室也都开始了对压缩感知技术的研究[22]。2015 年，L. F. Polania 及其科研团队提出利用 ECG 信号的小波表示的结构来提高基于压缩感知的 ECG 信号压缩和重构方法的一种新算法[23]。2017 年，R. Stantchev 及其科研团队演示了与压缩感知测算法兼容的近场太赫兹（THz）成像的形式[24]。X. Li 及其科研团队在 2017 年提出了一种用于不相干稀疏字典设计的替代措施，开发了用于搜索最优字典的迭代过程，其中使用基于梯度下降的算法执行字典更新从而实现优化压缩感知系统[25]。2017 年，C. Sun 及其科研团队提出了一种基于压缩感知的降低高分辨率压力传感器阵列系统的采样时间并且保持相同分辨率和精度的新算法[26]。2017 年，T. Yaacoub 及其科研团队提出了一种基于压缩感知的无线超宽带（UWB）通信系统中信道的估计方法[27]。Q. Chen 及其科研团队于 2017 年提出了一种基于非负矩阵分解（NMF）和压缩感知技术（CS）的新型红外小目标检测方法[28]。S. Liu 及其科研团队在 2017 年提出了一种基于结构化压缩感知（SCS）的贪心算法[29]。

国内对压缩感知的研究虽然发展迅速，但仍处于起步阶段，也取得了一定的成果。张帆和他的科研团队提出了一种矿井视频监控图像分块压缩感知方法[30]。曹思扬老师提出了一种基于压缩感知稀疏向量特征提取的电能质量扰动信号分类识别方法[31]。刘金龙和他的科研团队提出了一种改进的联合全变差与自适应低秩正则化的压缩感知重构方法[32]。刘洲洲提出了一种时序信号分段压缩算法来解决在信号稀疏度未知及高稀疏度条件下，压缩感知数据重构算法中存在的重构效率低、重构精度差、影响网络生命周期的问题[33]。沈燕飞和他的科研团队将压缩感知图像恢复问题作为低秩矩阵恢复问题来进行研究，采样非局部相似度模型，将相似图像块作为列向量构建一个二维相似块矩阵，以压缩感知测量作为约束条件对这样的二维相似块矩阵进行低秩矩阵恢复求解[34]。翁嘉文基于压缩感知理论，根据自干涉非相干数字全息的光学记录与再现过程，建立与该物理过程相适应的传感矩阵，从理论上构建实现光场分层重构的数值重建算法框架[35]。王冲和他的科研团队提出了一种基于稀疏分块对角矩阵进行压缩感知的分簇（SBDMC）数据收集算法[36]。

压缩感知技术对于传统压缩的优势是显而易见的，它势必会取代传统压缩。研究压缩感知主要从三个方面入手：信号的稀疏表示、观测向量的选择、信号的重构算法的研究。

在测量矩阵研究方面，R. Baraniuk、D. Donoho 等人为压缩感知理论奠定了基础，建立起了比较完善的理论框架。D. Donoho 提出了测量矩阵所要满足的三个特征[37]：测量矩阵的列向量须满足一定的线性独立性，测量矩阵的列向量体现某种类似噪声的独立随机性，满足稀疏度的解是满足范数最小的向量。目前通常选用的测量矩阵是随机矩阵[38]，使用该种测量矩阵进行计算后，只能保证恢复信号的概率很高，但不能保证信号百分之百地能够被重构。E. Candes 和 T. Tao[39] 等人证明并提出的高斯随机矩阵因其超高的重构精度而被广泛采用。

在信号还原算法方面，Tropp 和 Gilbert 提出了正交匹配追踪算法[40]（orthogonal matching pursuit, OMP），该算法是贪婪算法中最基本也是最重要的算法之一，但其准确性较低。之后，研究者们对 OMP 进行了改进，获得了一系列新的算法。速度快且易实现是贪婪算法的优越之处，但其最大的弊端是重构效果不好，不能对高度压缩过的信号进行精确还原。Candes 和 Romberg 巧妙地将原问题转换成对线性规划的最优化求解问题，提出了在凸集上交替投影（projections on-to convex sets）[41]的方法，但要快速求解出线性规划问题，需对原信号具有少量的先验知识，且对所得结果能够进行部分预测。在该思路下所提出的优化算法还有 Donoho 等人提出的基追踪法[42]（basis pursuit，BP）等。该类方法的优点是测量数相对较少，重构效果较好；但是其速度较慢且计算复杂度极高，在实际应用中，对于解决信号的维数较多、数据量较大的问题不太实用。La 和 Donoho 利用稀疏系数的树形结构，对重构信号的精度和求解的速度进一步提升，提出了树形匹配追踪（tree model pursuit，TMP）算法[43]。在当前提出的贪婪算法中，SAMP[44]是最优化重构算法中性能较好的一种算法，但是受其步长的限制，在信号重构时容易出现过匹配现象，所以可通过改进步长优化算法，改善其重构效果。梯度投影稀疏重构算法（gradient projection for sparse reconstruction，GPSR）[45]的优点是重构效果较好，需要的测量数较少；但其速度慢，对于解决大尺度问题不实用，不过在线性规划重构算法中，它的性能算是较好的一个。

1.2.3　数据融合技术的研究现状

数据融合技术最早出现是在 20 世纪 70 年代初，当时美国把数据融合技术的思想运用于对多连续声呐信号的计算采集等处理中，实现了对采集数据的监测与审查，对后来的续数据融合技术在其他方面的发展起到了很重要的进步意义[46]。在对信息融合系统的创建过程中遭遇了许多困难，如信息融合的可靠性和有效性。20 世纪 80 年代后，具有多功能协调的作战系统在美国逐步出现[47]。到 90 年代初，美国的国防部颁布的"国防部关键技术计划"中，将数据融合技术列为"20 项关键技术"之一。随后美国逐步把与系统相关的研究工作与现实作战相结合，并在少数的战争中得到了很完美的检验和提升[48]。与此同时，欧盟一些国家也开始了对有关数据融合技术等方面的系统研究。

进入 21 世纪后，随着计算机、嵌入式和信息处理等技术的革新与提升，信息融合技术得到了迅猛的发展。2000 年左右，加拿大的安图公司开发的产品 FME 进入了中国的市场，该公司成功地研制出空间数据格式转换软件。2004 年，该公司又研究出了分布式的融合技术，此分布式融合技术实现了对在线用户在分享公用的实战图形时的很好控制[49]。

对于数据融合算法，目前国内的研究主要偏向于应用方面。因此，建立统一的融合理论和广义融合模型将是很大的挑战。同时要求系统的容错能力强和实时性好的融合算法、建立信息融合测试评估系统等将成为未来 WSN 数据融合技术的发展趋势。

1.3 压缩感知在无线传感器网络中的应用

压缩感知理论对数据的处理大致过程是：对一部分数据进行简单的采集，由数据还原端负责对复杂的译码部分进行处理，这种方式很适合应用于无线传感器网络中的数据处理。在实际应用中，压缩感知理论与传感器网络相结合也并不是理想中那么完美，存在着令研究人员头疼的问题。如在测量矩阵方面，在无线传感器网络这个大环境下，传感器的存储是个大问题，其往往会由于测量矩阵过于稠密而溢出。很多研究人员也对此进行深入探究，H. Mamaghanian[50]做过相应的实验，他将量子化的高斯随机矩阵和伪随机矩阵在 MSP430 单片机上进行实验，得出的结果表明，其计算量和所消耗的时间都不理想。

Baron[51,52]等人根据信号间的相关性，对压缩感知中的两个重要模块，即联合稀疏模型和联合数据恢复算法进行了深入分析和研究，得出了分布式压缩传感（distrubuted compressed sensing，DCS）理论，同时建立起了三种经典的联合稀疏表示模型（joint sparsity models，JSM），这在很大程度上扩展了压缩感知理论的应用空间。网络数据信号之间的自相关性使得分布式编码及压缩得以实现，同时根据不同应用场景构造出相应的联合细数模型，配合相应的联合解码算法[53]，可以在很大程度上提高数据的压缩率。在数据采集方面，为了减少数据收集中出现的延迟现象，在单跳网络中的压缩无线传感（compressed wireless sensing，CWS）[54]能够通过同步调幅模拟传输传感器读数的线性投影来实现。Haupt 和Nowak[55]对压缩感知理论在多个节点的环境中的应用做了研究，但是他们所采取的方法局限于多个信号的互相关性，却没有考虑单个信号的自相关性。Haupt[56]等人运用压缩感知准则对多跳传感器网络中的数据聚合进行了研究。然而，最优化算法对数据相关模式很依赖，只能应用于特定情况，且仅仅停留在理论上，并没有将其付诸实践。

参 考 文 献

[1] 孙利民，李建中，陈渝，等. 无线传感器网络 [M]. 北京：清华大学出版社，2005.

[2] 李建中，李金宝，石胜飞. 传感器网络及其数据管理的概念、问题与进展 [J]. 软件学报，2003，14（10）：1717 ~ 1727.

[3] Ghiasi S, Srivastava A, Yang X J, et al. Optimal energy aware clustering in sensor networks [J]. MDPI Sensors, 2002, 2（7）：350 ~ 355.

[4] Candes E. Compressive sampling [C] //Proc of Int Congress of Mathematicians. Spain, 2006.

[5] Donoho D L. Compressed sensing [J]. IEEE Transanctions on Information Theory, 2006, 52（4）：1289 ~ 1306.

［6］ 李树涛，魏丹. 压缩传感综述［J］. 自动化学报，2009，35（11）：1～7.

［7］ Wang S, Luo F, Zhang L. Universal cooperative localizer for WSN with varied types of ranging measurements［J］. IEEE Signal Processing Letters, 2017, 24（8）：1223～1227.

［8］ Jeong H Y. A priority for WSN in ubiquitous environment: multimedia security requirements［J］. Multimedia Tools and Applications, 2017, 76（19）：20027～20047.

［9］ Shen L, Ma J, Liu X, et al. A secure and efficient id-based aggregate signature scheme for wireless sensor networks［J］. IEEE Internet of Things Journal, 2017, 4（2）：546～554.

［10］ Zebbane B, Chenait M, Badache N. A distributed lightweight redundancy aware topology control protocol for wireless sensor networks［J］. Wireless Networks, 2016：1～14.

［11］ Jia Z, Wei X, Guo H, et al. A privacy protection strategy for source location in WSN based on angle and dynamical adjustment of node emission radius［J］. Chinese Journal of Electronics, 2017, 26（5）：1064～1072.

［12］ 全英汇. 稀疏信号处理在雷达检测和成像中的应用研究［D］. 西安：西安电子科技大学，2012.

［13］ 于海. 无线传感器网络安全路由关键技术研究与探讨［J］. 黑龙江科技信息，2017，（11）：165.

［14］ 方德亮，冉晓旻，李鸥. 一种能量有效的分布式传感器管理算法［J］. 西安电子科技大学学报，2017，44（2）：171～177.

［15］ 谭营军，王俊平. 基于 MEACO 的无线传感器网络路由光通信算法研究［J］. 激光杂志，2016，37（2）：131～133.

［16］ 范燕，俞洋，李永义，等. 基于 ZigBee 无线传感器网络的远程监控系统［J］. 实验室研究与探索，2016，35（1）：80～84.

［17］ 蒋锐，杨震. 基于质心迭代估计的无线传感器网络节点定位算法［J］. 物理学报，2016，65（3）：9～17.

［18］ Candes E. Compressive Sampling［C］//International Congress of Mathematics. Madrid, SPain, 2006, 3：1433～1452.

［19］ Candes E, Romberg J, Tao T. Robust uncertainty principles: exact signal reconstruction from highly incomplete frequency information［J］. IEEE Trans. on Information Theory, 2006, 52（2）：489～509.

［20］ Donoho D. Compressed sensing［J］. IEEE Trans. on Information Theory, 2006, 52（4）：1289～1306.

［21］ Baraniuk R. A lecture on compressive sensing［J］. IEEE Signal Processing Magazine, 2007, 24（4）：118～121.

［22］ 焦李成，杨淑媛，刘芳，等. 压缩感知回顾与展望［J］. 电子学报，2011（7）：1651～1662.

［23］ Polania L F, Carrillo R E, Blanco-Velasco M, et al. Exploiting prior knowledge in compressed sensing wireless ECG systems［J］. IEEE Journal of Biomedical and Health Informatics, 2015, 19（2）：508～519.

［24］ Stantchev R I, Phillips D B, Hobson P, et al. Compressed sensing with near-field THz radiation

[J]. Optica, 2017, 4 (8): 989～992.

[25] Li X, Bai H, Hou B. A gradient-based approach to optimization of compressed sensing systems [J]. Signal Processing, 2017, 139: 49～61.

[26] Sun C, Li W, Chen W. A compressed sensing based method for reducing the sampling time of a high resolution pressure sensor array system [J]. Sensors, 2017, 17 (8): 1848.

[27] Yaacoub T, Dobre O A, Youssef R, et al. Optimal selection of fourier coefficients for compressed sensing-based UWB channel estimation [J]. IEEE Wireless Communications Letters, 2017, 6 (4): 466～469.

[28] Chen Q, Wang Y. An infrared small target detection method based on nonnegative matrix factorization and compressed sensing [J]. Modern Physics Letters B, 2017, 31 (19～21): 1740098.

[29] Liu S, Yang F, Wang X, et al. Structured-compressed-sensing-based impulsive noise cancellation for MIMO systems [J]. IEEE Transactions on Vehicular Technology, 2017, 66 (8): 6921～6931.

[30] 张帆, 闫秀秀. 基于 DFT 基的矿井视频监控图像分块压缩感知方法 [J]. 传感技术学报, 2017, 30 (1): 94～100.

[31] 曹思扬, 戴朝华, 朱云芳, 等. 一种新的电能质量扰动信号压缩感知识别方法 [J]. 电力系统保护与控制, 2017, 45 (3): 7～12.

[32] 刘金龙, 熊承义, 高志荣, 等. 结合全变差与自适应低秩正则化的图像压缩感知重构 [J]. 计算机应用, 2016, 36 (1): 233～237.

[33] 刘洲洲, 徐继良, 韩莹, 等. 基于压缩感知理论的 WSNs 时序信号分段压缩算法 [J]. 传感技术学报, 2016, 29 (1): 122～128.

[34] 沈燕飞, 朱珍民, 张勇东, 等. 基于秩极小化的压缩感知图像恢复算法 [J]. 电子学报, 2016, 44 (3): 572～579.

[35] 翁嘉文, 杨初平, 李海. 自干涉非相干数字全息的压缩感知重建 [J]. 光学学报, 2016, 36 (2): 63～69.

[36] 王冲, 张霞, 李鸥. 无线传感器网络中基于压缩感知的分簇数据收集算法 [J]. 传感器与微系统, 2016, 35 (1): 142～145.

[37] Donoho D L, Tsaig Y. Extensions of compressed sensing [J]. Signal Processing, 2006, 869 (3): 533～548.

[38] Candes E, Romberg J. Sparsity and incoherence in compressive sampling [J]. Inverse Problems, 2007, 23 (3): 969～985.

[39] Candes E, Eldar Y C, Needell D, et al. Compressed sensing with coherent and redundant dictionaries [J]. Applied and Computational Harmonic Analysis, 2011, 31 (1): 59～73.

[40] Tropp J A, Gilbert A C. Signal recovery from random measurements via orthogonal matching pursuit [J]. IEEE Transactions on Information Theory, 2007, 53 (12): 4655～4666.

[41] Bregman L M. The method of successive projection for finding a common point of convex sets [J]. Doklady Mathematics, 1965 (6): 688～692.

[42] Chen S S, Donoho D L, Saunders M A. Atomic decomposition by basis pursuit [J]. SIAM

Review, 2001, 43 (1): 129~159.

[43] La C, Do M N. Signal reconstruction using sparse tree representation [C] //Proceedings of SPIE. San Diego, CA, United States: International Society for Optical Engineering, 2005, 5914: 1~11.

[44] Dai W, Milenkovic O. Subspace pursuit for compressive sensing signal reconstruction [J]. IEEE Transactions on Information Theory, 2009, 55 (5): 2230~2249.

[45] Figueiredo M A T, Nowak R D, Wright S J. Gradient projection for sparse reconstruction: application to compressed sensing and other inverse problems [J]. IEEE Journal of Selected Topics in Signal Processing, 2007, 1 (4): 586~597.

[46] 崔莉, 鞠海玲, 苗勇, 等. 无线传感器网络研究进展 [J]. 计算机研究与发展, 2005, 42 (1): 163~174.

[47] 付波. 美军战时卫勤保障转型发展情报研究 [D]. 中国人民解放军军事医学科学院, 2014.

[48] 陈珂. 光纤 IOFDR 分布温度传感及多传感器融合技术研究 [D]. 大连理工大学, 2015.

[49] 孙甲冰. 多传感器离散随机系统的分布式融合估计研究 [D]. 山东大学, 2011.

[50] Mamaghanian H, Khaled N, Atienza D, et al. Compressed sensing for real-time energy-efficient ECG compression on wireless body sensor nodes [J]. IEEE Transactions on Biomedical Engineering, 2011, 58 (9): 2456~2466.

[51] Baron D, Wakin M B, Duarte M F, et al. Distributed compressed sensing [J]. Rice University, Depart. Electrical and Computer Engineering Techinal Report TREE-0612, 2006.

[52] Baron D, Duarte M F, Sarvotham S, et al. An information-theoretic approach to distributed compressed sensing [C] //Proc. 45rd Conference on Communication, Control, and Computing, 2005.

[53] Baron D, Duarte M F, Sarvotham S, et al. Distributed compressed sensing of jointly sparse signals [C]. Proc. 39 The Asilo 2 Mar Conf. Signals, Systems and Computers. Pacific Grove, CA, 2005: 1537~1541.

[54] Bajwa W, Haupt J, Sayeed A, et al. Compressive wireless sensing [C] //Proceedings of the 5th International Conference on Information Processing in Sensor Networks. ACM, 2006: 134~142.

[55] Haupt J, Nowak R. Signal reconstruction from noisy random projections [J]. IEEE Transactions on Information Theory, 2006, 5 (9): 4036~4048.

[56] Haupt J, Bajwa W U, Rabbat M, et al. Compressed sensing for networked data [J]. Signal Processing Magazine, IEEE, 2008, 25 (2): 92~101.

2　无线传感器网络体系结构

WSN 实质上是由随机分布在监测区域内的微小节点在无线通信技术的基础上形成的一个自组织网络。观察者通过解读消息，即可掌控现场实情，进而可以维护、设置相应的配置。当今，WSN 已成为物联网技术中十分瞩目的科研方向。

2.1　无线传感器网络的基本概念及结构

2.1.1　无线传感器网络的概念

无线传感器网络是由大量移动或静止的传感器通过自组织及多跳的方式组成的无线网络，其目的是协同地检测、处理计算和传输网络覆盖区域内的感知对象的检测信息，并报告给用户[1]。传感器网络有三种功能，分别是数据收集、计算和传输。而这对应于当前信息技术中的传感器技术、计算机技术以及通信技术，它们正好构成了信息系统的三个部分，即"感官""大脑"和"神经"，如图 2-1 所示。WSN 的三个基本部分是传感器、监控信息和监控人员。

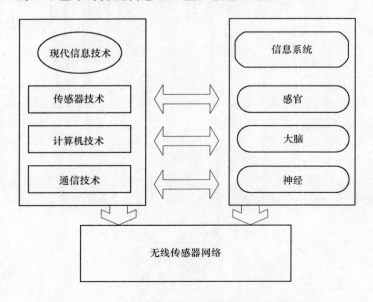

图 2-1　无线传感器网络与现代信息技术之间的关系

2.1.2　无线传感器网络的结构

无线传感器网络一般包含传感器节点（sensor node）、汇聚节点（sink node）和管理节点（manage node）。部署在被检测的区域内的节点采集到数据，然后传给邻居节点，再由邻居节点向上传输，直至传输到基站，基站一般会做信息处理，最终通过互联网等技术把检测到的信息传送到管理中心。图 2-2 所示为 WSN 的基本结构。

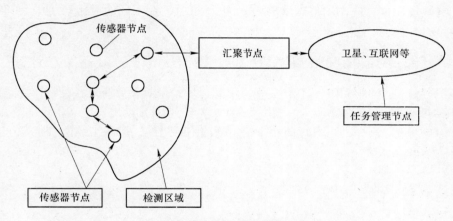

图 2-2　无线传感器网络的结构

2.1.3　无线传感器网络节点的体系结构

在每个不一样的应用背景中，WSN 的构成大体上是一样的，但是各个部分的实现形式可以各种各样，如传送网络模块、传感器节点以及管理节点模块等。WSN 节点大体上是由数据集部分、数据处理部分、数据传输部分和电源组成[3]。WSN 节点的大体组成如图 2-3 所示。

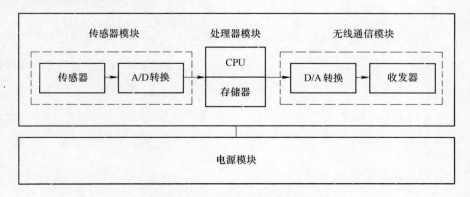

图 2-3　WSN 节点的基本组成

传感器节点中各个模块的功能如下：

（1）传感器模块是对检测范围内的检测对象进行数据收集，然后将其转变为数字信号。依据各个应用环境可选用不同的传感器类型。

（2）处理器模块可以存储传感器收集到的信息及控制相应的工作。其中包含电源控制部分，可在节能的同时处理其他节点传送过来的数据。

（3）无线通信模块主要是将之前处理的数据发送给监控中心。所以，它一般要有节省能量的特点。

（4）电源部分的作用是对 WSN 节点进行供电，在不同的应用环境中，其可用不同的组态。

2.1.4　无线传感器网络的生成过程

WSN 由四个阶段组成，如图 2-4 所示。首先，检测人员通过各种投掷方式向地面随机地播散传感器节点[4]；随后，这些 WSN 节点自动地发现其相近的节点，它们相互发现之后，即可自形成一个确定的网络；最终，用路由算法确定一个最佳的信息传输链路。

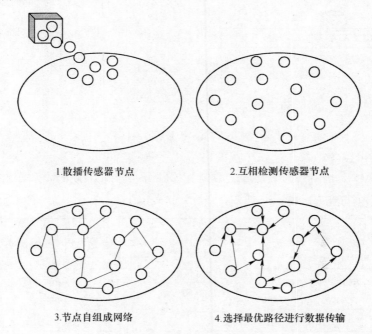

1.散播传感器节点　　　　　2.互相检测传感器节点

3.节点自组成网络　　　　4.选择最优路径进行数据传输

图 2-4　无线传感器网络的生成过程

2.2　无线传感器网络的特点

WSN 是一个结合许多新学科并且带有明显多学科性质的新技术。其主要特点如下：

（1）自组织方式的组网。WSN 自组织网可以不依靠静止不动的网络设备，WSN 节点使用分布式方法构成网络。它们可以通过自动调整来适应节点的移动、加入和退出，网络中的多个节点可以快速并自动地组成一个独立的网络。

（2）无中心结构。WSN 节点的身份相等，组成一个对等的网络。节点能在任意时间选择是否要进入网络，很少一部分节点无效的情况对整个网络的照常工作不会造成干扰。

（3）网络有动态拓扑。信息通信通过多跳的方法来进行。节点的传输距离有限，导致节点只可跟其较近的节点来传输信息。如果要和传输能力外节点传输数据，则要借助中继节点做数据转发处理。一般节点就可以完成多跳的工作。每个节点不但能传出数据，而且可接收节点发来的信息。因此要向汇聚节点发送信息，就可用多跳的方法来处理。

（4）WSN 的空间位置寻址。WSN 中的节点通常不用独特的编码，观察者在意的是它们的地理坐标，所以可用空间寻址的方法。

（5）高冗余。因为 WSN 的节点数目很多，所以其监测到的数据不可避免地会产生高冗余，而这在一定程度上确保了 WSN 的可靠性。

（6）电源续航能力小。节点的能源是由电池提供的，而电池所带的能量又不多。在很多应用场合里，没有替换电池的条件，当电池耗尽时，该节点也就不能再工作了。所以在构思 WSN 方案时，应该注意节点的能量，且要通过相应的措施来解决。

2.3　无线传感器网络的关键技术

WSN 技术正在迅猛发展着，它的许多支撑技术将会改变我们的生活。下面介绍一些 WSN 支撑技术：

（1）MAC 协议。MAC 即介质访问控制（medium access control），其决定了无线信道的使用方式，保证节点公平有效地分配无线通信资源[5]。它直接决定了WSN 的评价指标。MAC 协议的用处体现在两个层面：一是在监控区域形成一个通信链路；二是调整介质的读取，以便所有节点都可恰当地读取数据信息。

（2）网络拓扑控制技术。在使用路由协议时，拓扑关系必不可少。拓扑控制是指在一定的网络覆盖和质量的前提下，为考虑网络的生存周期，必须要考虑到网络的延迟，通信的干扰技术、负载均衡、可靠性和可扩展性等，剔除冗余的通信链路，形成一个优化的网络拓扑结[6]。

网络拓扑生成的算法要尽可能减少节点能量消耗，延长整个网络的寿命[1]。这些算法主要可分为三种：分簇方式、功率支配和节点站岗。其中，节点站岗方式就是使覆盖范围的节点轮流处在工作中，或让部分节点关闭发射的功能，这样既可节约能量，也能让拓扑结构更简单。

（3）数据融合技术。汇聚节点收到的信息很可能有相同的数据，存在着过多的冗余情况，这时就要用数据融合技术对数据信息做必要的处理来减少冗余信息，这样不仅可以节省能量，得到更准确的信息，而且也可减轻网络的拥塞性[7]。

（4）时间同步机制。在 WSN 结构里，各个节点都有独立的计时功能，但它们的运行频率各不相同，温度和磁场也会影响它们的运行频率。由于节点自带能量有限，一般是许多节点配合使用；同时分布式网络还需要它们之间的时间同步。所以，时间同步在网络中是很重要的一部分。

目前已经出现几种成熟的 WSN 时间同步协议中最基础的代表有 RBS（reference broadcast synchronization）和 Ting/Mini-Sync[8] 等。

RBS 同步协议是让一些节点获取同样的数据信息，接着在这些节点内部做同步处理。这可保证传输数据的节点时间稳定和无误。RBS 的优点是时间同步和 MAC 协议分离，它与应用层接收 MAC 层的时间信息无关[9]。这样协议之间独立性比较好，但会导致消耗更多的能量。

Ting/Mini-Sync 相对其他协议来说算是简易的时间同步方式[10]。它们通过节点间的时间偏差是成对的原理，并用互转时标来算出最小的时间偏差。通过约束条件与丢弃冗余分组来使协议更简单。

（5）定位技术。在 WSN 的许多使用领域，节点采集参数的位置很重要。当出现紧急情况时，观察者首先要了解发生紧急情况的位置坐标[11]，如在草原防火的监控或石油管道的破裂检测等应用中。一旦这些紧急情况出现时，人们第一要明确这些节点的坐标。定位信息也可用来追踪对象、计算路线和辅助路由等。

（6）安全设计技术。WSN 作为一种新技术，在很多不重要的场合下，一般不考虑安全问题；但在一些特殊的场合，如建筑物安全防范系统、军事领域或者一些较复杂的应用环境中，所部署的 WSN 仅仅是为一部分的用户提供服务，对这一部分用户来说，就应当需要采取保护措施来保证信息系统和数据服务的安全问题。

WSN 中面临的安全问题基本分为三类：第一类是妨碍传输过程，可用电磁波干扰的方式来影响节点间的正常传输；第二类是通过影响 WSN 拓扑的实时变动来妨碍正常传输；第三类是因节点的芯片和结构比较简单，很容易因持续工作迅速降低能量。WSN 的安全的充分条件如下：

1）机密性。发射者与目标者传输数据时，没有受到恶意的袭击。即便是受到了恶意的袭击，信息落到敌方手中，敌方也不懂数据的意思。

2）完整性。节点间在传输数据时，节点可能被敌方捕获，造成接收方只得到一些片段信息，使得此次传输失败。这时，完整性就需要接收者得到的信息和原本发来的信息是相同的，没有遭受到任何的破坏和损失。

3）真实性。数据认定和广播证实是真实性的两个层面。数据认定是指接收方接收到数据时，先要明白数据的真实性，检查是不是正常节点传送的数据，以防受到敌方的劫持；广播证实则是指当某个节点向某一组节点传送数据时，先要明白源节点的身份。

4）可用性。当 WSN 中节点进行通信时，敌方会以劫持、造假、中止、妨碍等方式影响网络的工作，严重的话可能造成 WSN 停止工作。

5）新鲜性。因为 WSN 中节点个数较庞大，路由路径也较复杂，新鲜性需要目标收到的是全新的，这样说明了信息实效的特征。

6）鲁棒性。WSN 的使用一般需要实时性和模糊性，如拓扑发生变动、节点的增减和另外一些方面的影响。鲁棒性就是传输时少数节点受到攻击或威胁，整体上也不会有影响，可以照常运行。

7）访问控制。主要表现在验证 WSN 中的用户是否是合法的[12]。

2.4 无线传感器网络的应用

WSN 的应用范围十分广泛。当前，WSN 已经被用于各行各业中，下面对其主要应用做简明的介绍：

（1）军事应用。WSN 成本低，且不易被破坏，在恶劣的战争环境下，能够很好地生存，并且发挥出其巨大的作用，如监控和搜索等任务。

（2）环境科学。现在人们已经十分重视环保，环境科学所包含的内容变得更加丰富。用一般方法采集最初信号是非常艰难的一个工程。WSN 可很便利地检测环境中的各种数据参数，如空气质量、水源质量和害虫情况等[13]。它还可实时跟踪稀有动物，从而了解它们的活动情况。

（3）空间探索。在浩瀚的星空，WSN 也有它的用武之地。WSN 可很方便地检测外太空的数据。美国已经为火星的 WSN 应用在实验基地进行了模拟测试。

（4）医疗健康。在医疗方面，通过在患者身上配备多个小型节点，医生即可在办公室对患者情况进行监控。医学研究者也可在不妨碍被监测对象正常生活的前提下，用 WSN 长时间收集生理数据。

（5）智能家居。在居民住宅里放置传感器，通过网络，人们可以通过移动终端随时了解自己家里的情况，既可防盗也可在回家之前把房间的温湿度调好。

（6）建筑物及大型设备安全状态的监控。通过 WSN 对建筑物的安全状态的监控，可检查出建筑物存在的安全隐患，从而可避免建筑物的意外倒塌等事故的发生。

（7）紧急援救。在发生洪水、暴雨、泥石流等不可抗力的自然灾害后，一些固定通信设施，如有线网、手机网的基站就会失去正常工作的能力，这时就可以用 WSN 进行快速布置自组织网络，这是在这些场合进行通信的最佳选择[14]。

（8）其他商业应用。因为 WSN 的自组织、节点体积小和检测外部参数等特性使得其可应用到商业上。如在交通情况监控、大型超市监控和库房码头监控等方面，WSN 可发挥出巨大的作用。

现在 WSN 在持续进步中，它必定会对人类的生活产生巨大影响，并且可出现在人类生活的各个方面，为物联网提供数据收集和传输工作。

参 考 文 献

[1] 许毅. 无线传感器网络原理及方法［M］. 北京：清华大学出版社，2012.

[2] 李之伟. 基于分簇的无线传感器网络生存期延长策略［D］. 青岛：中国海洋大学，2006.

[3] 张少军. 无线传感器网络技术及应用［M］. 北京：中国电力出版社，2010.

[4] 周贤伟，覃伯平，徐福华. 无线传感器网络与安全［M］. 北京：国防工业出版社，2007.

[5] 姼强，龚正虎，朱培栋，等. 无线传感器网络 MAC 协议研究进展［J］. Journal Software，2008，19（2）：389～403.

[6] Gao Y, Wu K, Li E. Analysis on the redundancy of wireless sensor networks［C］//Proceeding of ACM International Workshop on Wireless Sensor Networks and Applications, 2003：108～114.

[7] 毕艳忠，孙利民. 传感器网络中的数据融合［J］. 计算机科学，2004，7（31）：101～103.

[8] 康冠林，王福豹，段渭军. 无线传感器网络时间同步综述［J］. 计算机测量与控制，2005，13（10）：1021～1030.

[9] Bulusu N, Heidemann J, Estrin D. GPS-less low cost outdoor localization for very small devices［J］. IEEE Personal Communications Magazine, 2000，7（5）：28～34.

[10] 聚焦物联网：信息产业的第三次浪潮［J］. 数字社区 & 智能家居，2010（4）：26～30.

[11] 胡向东，邹洲，敬海霞，等. 无线传感器网络安全研究综述［J］. 仪器仪表学报，2006，6（27）：307～311.

[12] 孙利民，李建中，陈渝，等. 无线传感器网络［M］. 北京：清华大学出版社，2005.

[13] 王英杰，鞠时光，阴晓佳. 无线传感网络中分布式数据压缩算法［J］. 计算机工程，2010：124～128.

[14] 崔莉，鞠海玲，苗勇，等. 无线传感器网络研究进展［J］. 计算机研究与发展，2005，42（1）：163～174.

3 无线传感器网络数据管理技术

3.1 无线传感器网络数据管理的基本概念

3.1.1 以数据为中心的无线传感器网络数据库

无线传感器网络应用中，节点大多随机撒播到监测区域，其位置存在不确定性，易产生片面性的感知信息，单个传感器采集到的数据的意义并不大。

最终观察者感兴趣的是传感器网络产生的数据，即某一区域内的多个传感器数据的融合结果，并非传感器本身的位置信息（医学和健康监测例外）。因此，应把传感器节点视为感知数据流或感知数据源，传感器网络视为感知数据空间或感知数据库，以数据作为线索进行查询和计算处理[1]。

把网络数据抽象为数据库的概念（见图 3-1），并提供用户执行类 SQL 的数据库查询的数据处理方法有以下优点：

（1）使用"网络即数据库"的抽象概念可以为用户隐藏复杂的网络数据处理过程，降低了用户的理论基础能力要求。

（2）采用类 SQL 的通用数据库查询语言，有利于用户快速学习和掌握传感器网络应用系统的使用。

（3）可以利用如数据融合、数据调度、数据存储等处理技术来简化传感器网络数据管理系统的设计[1]。

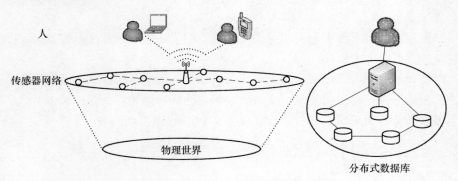

图 3-1　WSN 数据库抽象示意图

对无线传感网络的要求：用户能获取网络整体情况，并发布查询甚至控制命令。命令可以被解析与优化，并发布到数据源区域；命令能够快速、准确传达到指定区域，并被执行；感知数据信息能以最有效的方式传送回控制中心，数据信息应该以用户所期望的方式显示出来。

3.1.2　无线传感器网络数据管理系统的特殊性及设计目标

无线传感器网络与分布式数据库相比具有以下特殊性：

（1）无线传感器网络处理的数据是无限的、连续的、实时的、流式的。

（2）节点上的存储、计算和能量资源是非常有限的。

（3）数据传输路径上的中间传感器节点能够对自身采集的和其他节点转发来的数据进行融合、缓存和转发，可以有效减少冗余数据在传输中耗费的网络资源。

（4）邻居节点所采集的数据通常具有相似性，它是从不同监测点得到的同一事件的相关数据，所以该数据存在一定的冗余性。

（5）网络中的数据源是大规模分布的传感器节点，节点采用与 IP 地址相似的全局编址或局部标识，标识与节点物理位置无关[2]。

无线传感器网络的数据管理系统与分布式数据库系统存在以下明显差异：两者需要提供的服务方式存在差异；两者管理的数据具有不同的特征；两者管理的数据具有不同的误差特点；两者数据管理处理查询方式存在差异；两者数据管理的目标不同；两者采用的存储技术不同；两者采用的查询处理技术不同；两者管理的数据具有不同的误差特点。

3.1.3　无线传感器网络数据管理技术的研究热点

无线传感器网络数据管理技术的研究热点有：

（1）数据获取技术。元数据管理技术、面向应用的感知数据管理技术、传感器数据处理策略、传感器网络和感知数据模型技术。

（2）数据存储技术。数据存储策略、存取方法与索引技术。

（3）数据查询技术。分布式查询优化处理技术、面向无线传感器网络的查询语言、数据融合方法。

（4）分析挖掘技术。统计分析技术、OLAP 分析处理技术、传统类型知识挖掘技术、数据分布式挖掘技术、感知数据相关的新知识模型及挖掘技术。

（5）数据管理系统。数据管理系统的体系结构和实现技术[3]。

3.2　无线传感器网络数据管理的关键技术

3.2.1　无线传感器网络数据存储结构

3.2.1.1　网外集中式存储方案

感知数据从数据普通节点通过无线多跳传送到网关节点，再通过网关传送到网外的基站节点，由基站保存到感知数据库，工作方式如图 3-2 所示。

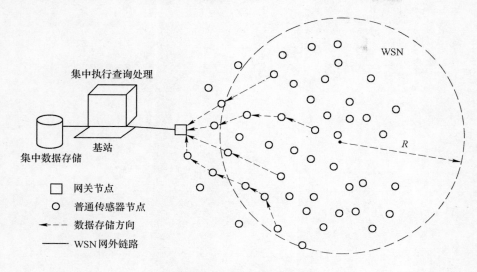

图 3-2　WSN 数据传输方式

网络性能分析：假设直接通信距离为单位 1，WSN 的网络半径为 R，在没有网络拥塞和丢包的情况下，每个节点每传输 1bit 的数据至网关的过程中传输通信量平均至少为 Rbit。如果平均一次查询所需的感知数据为 Mbit，则集中式查询处理的平均网络通信量至少为 MRbit。

当 M 值较小时，整个网络的通信量相对较小，网络中无线通信较为流畅，很少有拥塞现象，此时通信量接近于极值 MRbit；当 M 值较大时，不仅极值 MRbit 发生线性增长，网络通信量更是急剧增加，网络拥塞现象更加严重，造成通信成本大大膨胀；此外，还易于造成靠近网关节点的节点能量过早耗尽，影响网络的连通性。

3.2.1.2　网内分层存储方案

传感器节点有两类：一类是大量的普通节点，另一类是少量的有充足资源的簇头节点。具体工作方式和相互的联系如图 3-3 所示。

3.2.1.3　网内本地存储方案

当采用网内本地存储方案时，数据源节点会将其获取的感知数据就地存储。基站发出查询后向网内广播查询请求，所有节点均会接收到该请求，满足查询条件的普通节点将会沿融合路径将数据由树送回到根节点，即与基站相连的网关节点[4]。

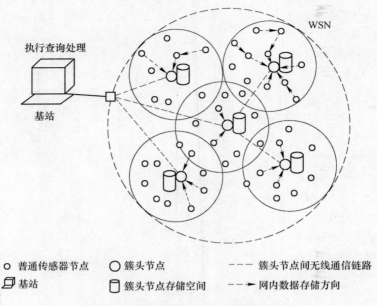

○ 普通传感器节点　　　◉ 簇头节点　　　— — — 簇头节点间无线通信链路
🗁 基站　　　🛢 簇头节点存储空间　　　— —▶ 网内数据存储方向

图 3-3　普通节点和簇头节点工作示意图

3.2.1.4　以数据为中心的网内存储方案

以数据为中心的网内存储方案采用以数据为中心的思想，将网络中的数据按其所包含内容命名，并路由到与其名称相关的位置。采用该方案时要求和以数据为中心的路由协议相配合。存储数据的节点除负责数据存储任务外，还要完成数据压缩以及融合处理的操作[5]，如图 3-4 所示。

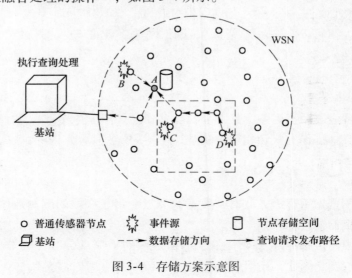

○ 普通传感器节点　　　✦ 事件源　　　🛢 节点存储空间
🗁 基站　　　— —▶ 数据存储方向　　　——▶ 查询请求发布路径

图 3-4　存储方案示意图

（1）网外集中式。优点：网内处理简单，适合于查询内容稳定不变且需要原始感知数据的应用系统，对于查询数据量不大的实时查询，查询时效性较好。

缺点：大量冗余信息传输可能造成大量的能耗损失，而且容易引起通信瓶颈，造成传输延迟。

（2）网内分层式。优点：查询时效性好，数据存储的可靠性好。

缺点：靠近簇头处存在通信集中现象，只能用于层簇式网络，有一定的应用局限性。

（3）网内本地式。优点：数据存储充分利用网内节点分布式存储资源；用数据融合和压缩技术减少数据通信量；数据没有集中化存储，使网内不会出现严重通信集中现象。

缺点：需要将查询请求洪泛到整个网内的各个角落，网内融合处理复杂度较高，增加了时延。

（4）数据为中心的网内式。优点：数据存储有规律性，便于查找，可加快查询速度，便于在网内进行同类型数据融合，可减轻通信量。

缺点：数据存储耗费一定的通信成本；可能造成某些存储节点的存储空间不足，需要采用复杂的邻近存储方法，或哈希算法，增加存储和查询复杂度。

3.2.2 数据查询处理技术

3.2.2.1 查询类型

查询类型分为：

（1）历史查询，对从传感器网络获得的历史数据进行查询。

（2）快照查询，对传感器网络在某一给定时间点的查询。

（3）连续查询，关注在某一段时间间隔内传感器网络数据的变化情况。

3.2.2.2 查询系统结构

由于采用了分布式处理技术，传感器网络查询处理系统一般会由全局查询处理器以及在每个传感器节点上的局部查询处理器相互协作构成。

当用户提交一个连续查询时，全局查询处理器要把查询分解为一系列的子查询，并提交到相关传感器节点上由局部查询处理器执行。这些子查询也属于连续查询，需要经过扫描、过滤（即选择）和综合相关无限实时数据流，产生连续的部分查询结果流，返回给全局查询处理器，经过全局综合处理，最终返回给用户。

传感器节点上的局部查询处理器是连续查询处理过程的关键。与全局连续查询一样，传感器节点上各个连续子查询同样需要很长的执行时间。在连续子查询的执行过程中，传感器节点及其所产生数据的特性、传感器节点的工作负载等情况都在不断改变。因此，局部查询处理器必须具有适应环境变化的自适应性[6]。

3.2.2.3　查询处理方案

无线传感器网络查询处理一般可分为两个步骤：

（1）将全局查询处理器分解出的所有子查询发布到查询所指定的目标区域中。

（2）收到查询任务的数据普通节点执行查询，返回查询结果数据。

目前已提出的主要查询处理方案可分为以下三种类型：

（1）采用广播发布查询的方法。

（2）采用特定路由方式。

（3）采用定向扩散技术。

3.2.2.4　查询处理优化技术

查询处理优化技术有：

（1）无线传感器网络连续查询自适应技术（CACQ）。对于没有连接操作的单个连续查询，CACQ 把查询分解为一个操作序列。CACQ 还可以处理多个无连接的连续子查询，如图 3-5 所示。处理 N 个子查询的一般办法是：当有一个感知数据进入系统时，CACQ 轮流把它传递给 N 个子查询操作序列，并完成 N 个子查询的处理。CACQ 不复制感知数据，其优点是可以节省复制数据所占用的存储区以及复制数据消耗的计算资源。无连接多查询处理的关键在于从多个查询中提取公共操作，使得多查询的公共操作只执行一次，从而避免重复计算[7]。

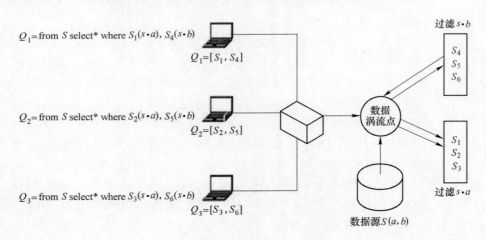

图 3-5　连续查询自适应示意图

（2）统计模型驱动的查询处理技术。思想：首先基于已经存储和正在产生的感知数据，建立一个感知数据的统计数学模型，然后基于这个模型来回答用户的查询[8]。

统计模型的参数表示和基于统计模型的查询计算较为复杂，因此除了在基站端计算网络全局数据的统计模型外，网内普通传感器节点上由于存储和计算能力限制，不存储模型或者仅存储本节点（或包括相邻一跳节点）的一个或几个感知属性的统计模型。

（3）统计模型驱动的查询处理技术。实现过程如图3-6所示。基于模型驱动的查询处理方法的优点如下：

1）利用模型可以计算出还需要哪些位置的哪些数据，减少查询的盲目性，降低网内查询处理的数据量。

2）利用统计模型可以计算数据之间的相关性信息，利用数据之间的相关性可以用查询节能属性数据的方式代替查询耗能多的属性，从而实现查询节能。

3）根据概率模型可以辨别出不可靠的数据及失效的节点，可提供给用户网络中存在问题的节点信息。

4）提供用户查询结果的同时给出关于查询结果的精确度，这对于科学工作者来说是很有用处的。

5）根据模型预测分析未来数据的变化趋势，有利于实现发展趋势预测。

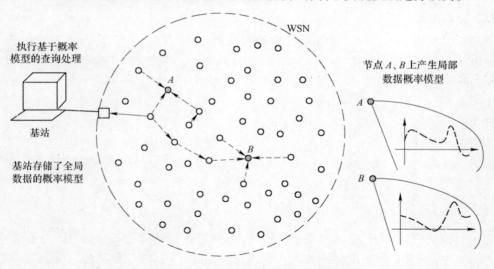

图3-6 统计模型驱动的查询处理技术

方案的一些不足：

1）要处理不断连续变化的实时数据流，需要有良好的算法以实时更新数据的概率模型。

2）传感器节点端存储概率模型和进行复杂的概率分布计算，需要耗费一定的存储资源和计算时间。

3）当传感器节点数量较大时，网络整体模型的计算复杂性非常高，增加了查询的时延。此外，针对不同的应用需要采用不同的统计模型，没有万能的数学模型可以用于所有的应用环境。

3.2.3　数据压缩技术

3.2.3.1　基于时间序列的数据压缩方法

PCA（piecewise constan approximation）技术的主要思想是把时间序列表示成多个分段，每个分段由两个元组组成——数值常量与结束时间，其值分别为该分段对应的子序列中所有数据的均值和最后一个数据的采样时间。基于 PCA 技术，L. Lazaridis 等人提出了 Poor Man_mean 压缩方法（PMC_mean）。PMC_mean 是一种压缩时间序列的在线方法，该方法的主旨是将时间序列中的每个分段内所有的数据均值作为该分段的常量。每采集到一个周期数据，就计算当前压缩的时间序列内所有数据的均值，若该计算出的均值与当前时间序列的最大值或最小值的差值超过阈值 ε，就立即停止采样，将满足条件的时间序列压缩为一个分段。

3.2.3.2　基于数据相关性压缩方法

S. Pattem 等人探讨了相关性对数据压缩效果的影响。采用联合熵和位 – 跳值分别度量被压缩信息的大小和数据传输的能耗总量，对比分析了 DSC（distributed source coding）、RDC（routing-driven compression）和 CDR（compression-driven routing）这三种不同处理策略下的能耗状况。理论分析结果表明，当相关性较低时，没有信息可以压缩，RDC 方法能耗相对较低；当相关性较高时，通过压缩的方法可以节省大量能耗，CDR 方式减小能耗效果较好。另外，当相关性处于中等范围时，RDC 和 CDR 两者性能相近，此结果表明可以采用一种混合式方法来进行数据处理，即传感器节点形成较小的集群，集群中的数据在集群首领处聚合，集群首领沿着最短路径向 Sink 节点传输聚合结果[8]。

3.2.3.3　分布式小波压缩方法

小波变换是一种能够同时表征信号时域和频域行为的数学工具，具有多分辨分析的特性，在不同尺度或压缩比下仍然能够有效保持信号的统计特性，对压缩阵发性数据流效果显著。把传感器网络中采集到的原始数据转换到小波域来进行处理，可达到对原始数据压缩的目的，是传感器网络中一种有效的数据处理方法。

针对小波变换在数据压缩中的应用，目前的研究领域主要包含分布式小波数据压缩算法、基于区间小波变换的数据压缩算法、传感器网络中的单向提升小波变换问题，同时提出了非规则小波数据处理的概念。

3.2.3.4　基于管道数据压缩方法

T. Arici 等人提出了基于管道思想的网内数据压缩方法，即将传感器数据缓存在网络中，并根据所指定的延迟值，等待时间合适后再进行传输。通过管道压缩方法将数据组合起来形成组数据，降低数据中的冗余度，可减少节点间的通信量，达到降低通信能耗的目的[8]。

3.2.4 数据融合技术

3.2.4.1 应用层中的数据融合

数据融合技术在无线传感器网络的收集数据过程中具有重要作用。数据融合是将来自多个传感器或多源的信息与数据进行综合处理，并得出更为精确完整的信息。其主要目的是减少网络内数据的传输量，从而减少能源的消耗，延长网络生命期。

数据融合将以牺牲其他方面的性能作为代价。首先是时延方面的代价：在数据传送过程中，寻找易于进行数据融合的路由、进行数据融合等操作，都有可能增加网络的平均延迟。其次是鲁棒性的代价：数据融合可以大幅度降低数据的冗余性，但丢失相同的数据也意味着损失信息，因此降低了网络的鲁棒性。

3.2.4.2 网络层中的数据融合

在应用层的设计中，可以利用分布式数据库技术，对采集到的数据进行逐步筛选从而达到融合的效果，应用层接口也采用类似 SQL 的风格。

（1）地址为中心的路由（address-centric routing，AC 路由）。每个普通节点沿着到汇聚节点的最短路径转发数据，AC 路由是一种不考虑数据融合的路由。

（2）数据为中心的路由（data-centric routing，DC 路由）。数据在转发的路径中，中间节点根据数据的内容，对来自多个数据源的数据进行融合操作。普通节点并非各自寻找最短路径，而是在中间节点 B 处进行数据融合，再继续转发。

数据传输过程如图 3-7 所示。

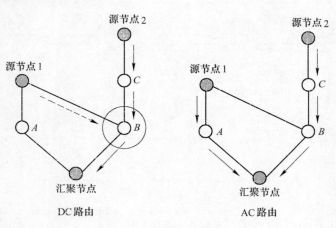

图 3-7　数据传输过程

3.2.4.3　独立的数据融合协议层

AIDI 的运行过程能够分别由发送和接收两个方向进行阐述。

（1）发送方向。把网络层传来的数据分组（网络单元）送入融合缓冲池，AIDA 融合功能单元依照定制的融合粒度，把下一跳地址一样的网络单元统一成一个 AIDA 单元，并放置在 MAC 层实现传输；融合粒度的设置以及何时调用融合功能都由 AIDA 融合控制单元选择。

（2）接收方向。融合功能单元把 MAC 层传输上来的 AIDA 单元分解为之前的网络层分组传递给网络层；即使如此也将会在一定范围内削弱效率，但其目的是为了实现协议层的模块性，同时同意网络层对每个数据分组再次路由。

独立于应用层的数据融合机制（application independent data aggregation，AIDA），其基础思想是不注意数据的内容，而是考虑下一跳地址实现多个数据单元的相融，根据降低数据封装头部的开销及 MAC 层的传递冲突来实现节省能量的目的。提出 AIDA 的目的不仅要避免依赖于应用的融合方案（ADDA）的短处，而且还要增强数据融合对网络负载状况的适应性。当网络负载较轻时不进行融合或进行低程度的融合；而在网络负载较重，MAC 层传递的冲突较紧急时，进行较高程度的融合。

AIDA 协议层处在网络层和 MAC 层之间，对上下协议层透明。AIDA 分为两个功能单元：融合功能单元与融合控制单元。融合功能单元实现对数据包进行融合或解融合操作；融合控制单元实现依照链路的工作状态控制融合操作的实现，改变融合的粒度（合并的最大分组数），如图 3-8 所示。

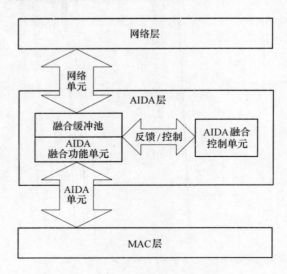

图 3-8　现有传感器网络数据管理系统

3.3　几种常见的数据管理系统

3.3.1　TinyDB 系统

3.3.1.1　系统功能

（1）TinyDB 具有一个元数据目录，描述传感器网络的属性，包括传感器读数类型、内部的软/硬件参数等，并提供了丰富的元数据和元数据管理功能，以及一系列管理元数据的命令。

（2）TinyDB 使用类似于 SQL 的说明性查询语言，这种说明性的查询语言不需要指明获取数据的具体方法，使得用户容易编写查询请求。

（3）TinyDB 可以提供有效的网络拓扑管理和图形化拓扑显示功能。

（4）TinyDB 支持在相同节点集上同时进行多个查询，每个查询都可以具有不同的采样率、访问不同类型的感知属性，多个查询之间能够实现有效共享数据从而提高处理效率。

3.3.1.2　查询语言

TinyDB 系统的查询语言是基于 SQL 的查询语言，称为 TinySQL。该查询语言支持选择、投影、设定采样频率、分组聚集、用户自定义聚集函数、事件触发、生命周期查询、设定存储点和简单的连接操作[5]。目前 TinySQL 的功能仍然比较有限，在 WHERE 和 HAVING 子句中只支持简单的比较连接词、字符串比较（如 LIKE 和 SIMILAR），以及对常量和属性列的简单算术运算表达式，如 +、-、*、/运算，但不支持子查询，也不支持布尔操作（OR 和 NOT）及属性列的重命名（AS 语句）[6]。

3.3.1.3　系统组成

传感器网络软件：
（1）传感器节点目录；
（2）查询处理器；
（3）存储管理器；
（4）网络拓扑管理器。
客户端软件：
（1）类 SQL 语言 TinySQL 的解析处理模块；
（2）基于 Java 的应用程序界面。

3.3.2　Cougar 系统

3.3.2.1　系统功能

Cougar 系统是第一个采取传感器网络数据库的方法开发的传感器网络数据管理系统。该系统由传感器数据库和传感器查询系统组成，它支持两种数据类型：存储数据和实时感知数据。存储数据表示的是传感器节点和物理环境的各种属性，以传统关系属性方式来表示；感知数据则以时间序列方式来表示。为实现长期运行的查询，Cougar 不断返回增量结果，并以图表的方式进行动态显示。此外，还可以支持用户的远程查询。

3.3.2.2　查询语言

Cougar 采用了一种类 SQL 的查询语言，提供对连续周期性查询的支持。Cougar 系统不支持触发器功能，因而查询语句中也不存在触发处理子句。

3.3.2.3　系统构成

（1）图形用户界面（GUI）。可以通过输入类 SQL 查询语言来递交查询请求，并以可视化的表格形式显示查询结果。

（2）客户前端（FrontEnd）。将从 GUI 获取的查询请求分发到各个节点。客户前端会对收到的数据进行相关处理，再转发给发出查询请求的 GUI。

（3）查询代理（QueryProxy）。由设备管理器、节点层软件和簇头层软件构成。

3.3.2.4　通信

Cougar 系统使用定向扩散（directed diffusion）路由算法在传感器网络内通信，信息交换的格式是 XML。GUI 和客户前端之间的通信使用 TCP/IP 数据包。

3.3.3　现有无线传感器网络数据管理系统分析

目前大多数数据管理系统普遍存在以下几个方面的问题：

（1）可移植性差；

（2）网络负载不均衡；

（3）节点之间的协作处理能力不强；

（4）扩展性差；

（5）应用适应性差。

无线传感器网络数据管理技术的研究取得了一定成果，但还有待进一步的深入研究和改进。需要开发一种可跨平台的、可扩展的、低功耗的、支持节点间分布式协作的传感器网络数据管理系统，能根据应用的具体要求设计合理的查询处理结构，在查询准确度和查询时延性之间寻求中和，实现网络的负载平衡，延长网络的使用寿命。

3.4　无线传感器网络数据管理系统 DisWareDM

3.4.1　基于移动 Agent 中间件的传感器网络数据管理概述

数据管理系统的设计中存在的一些挑战：

（1）节点的存储资源有限导致无法设计复杂的通用型系统；

（2）底层通信体系和操作系统的异构性和不兼容性问题；

（3）数据管理系统应用发布的不灵活性。

解决上述问题的方法：

（1）采用移动 Agent 技术能够有效、灵活地实现传感器网络分布式数据处理功能。

（2）中间件技术可以为传感器网络数据管理系统提供跨操作系统的标准开发接口，既有利于数据管理系统开发的标准化，对上层应用屏蔽了底层设计的复杂性；也有利于实现数据管理系统的可移植性和系统兼容性。

南京邮电大学计算机学院无线传感器网络研究中心结合移动 Agent 技术开发了一个移动 Agent 中间件 DisWare，该中间件屏蔽异构操作系统 TinyOS 和 MantisOS 的差异，提供了统一的应用开发编程接口。

3.4.1.1　基于 DisWareDM 的 WSN 数据管理系统设计原理

（1）标准编程接口。DisWare 中间件使用统一的标准编程接口，屏蔽了无线传感器网络底层系统设计的复杂性。

（2）可扩展能力。DisWare 中间件采用层次化的结构设计，使得其容易扩展新的功能，并支持在同一功能区内提供多重服务。

（3）应用移植性支持。所有与特定处理机相关的代码仅仅存在该软件中，因此将这个系统移植到新的处理机需要做的变化将尽可能地少。

（4）分布式处理支持：

1）DisWare 中间件通过支持多 Agent 的互通信机制以及 Agent 的迁移机制，能够很好地适应这种由分布操作系统控制的集群系统。

2）DisWareDM 是在 DisWare 中间件及其开发平台基础上设计的一个无线传感器网络数据管理系统，它可以为用户提供灵活的传感器网络数据实时查询功能。

3.4.1.2　体系架构分析

（1）集中式结构。DisWareDM 构造最简单的查询 Agent，其主要功能是：从本地节点上周期性地采集查询所需的感知数据，并将所有数据发送到基站，在基站上进行复杂的数据分析和处理。

（2）完全分布式结构。DisWareDM 可以构造相对复杂的查询 Agent，其主要功能是：周期性地采集感知数据，并在本地存储下来，定时进行查询计算处理，然后通过相关节点上的移动 Agent 之间的协作共同完成进一步的查询计算处理，最后将结果送回到基站，基站仅负责与用户的交互。

（3）层次式结构。该网络包含两个层次：传感器网络层和簇头层。簇头节点可以是具有稳定能量源的资源充足的特定节点，也可以是普通传感器节点采用特定的簇头选择算法在簇内动态更替选择而产生，由于更替选择的周期较慢，在一定时间内可以看作是固定不变的。

3.4.2　DisWareDM 整体功能和系统结构设计

3.4.2.1　整体功能

根据无线传感器网络，即数据库的抽象管理，使用定义式数据库查询语言来查询网络信息，并把传感器网络上的逻辑视图和网络的物理实现分离开，使得传感器网络的用户只需要关心所要提出的查询的逻辑结构，而无需关心传感器网络的细节；并利用移动 Agent 和中间件技术优化现有传感器网络数据管理系统可移植性差、网络负载不均衡、查询效率不高、应用适应性差、开发周期长和部署不灵活等问题，并实现查询处理的高效率和节能性，降低无线传感器网络数据查询处理应用系统的开发成本和部署成本。

3.4.2.2　DisWareDM 的组成

数据管理系统终端应用程序集成在 DisWare 中间件应用平台上，该程序的主要功能包括以下三部分：

（1）发送查询请求查询节点的即时信息（光、温度、加速度、磁力计等）。

（2）以表格和图形曲线两种方式显示从节点返回的查询结果，并提供数据的自动和手动存储功能。

（3）提供多条件组合进行来自节点信息的历史查询，用户可以从数据库中调出某节点一段时间内的信息加以分析，有利于对网络性能参数的分析和系统功能的监测。

对传感器节点的选择需要考虑以下几个方面：微型化、扩展性、灵活性、稳定性、安全性和低成本，最终选择了 Crossbow 公司 MOTE-KIT5040 无线传感器节点工具包。MOTE-KIT5040 是传感器网络应用开发的一套专业工具，它集合了 8 个传感器节点，使用了 Crossbow 公司的最新一代产品——MICA2 和 MICA2DOT，两种节点均与 TinyOS 兼容。该工具包括以下几部分：

（1）MTS310 传感器板（MICA2）；

（2）MTS510 传感器板和 MDA500 数据获取板；

（3）MPR400 信息处理平台（MICA2）；

（4）MPR500 信息处理平台（MICA2DOT）；

（5）MIB510 串行接口板。

一个 DisWare Agent 包括它自身的代码（code）、堆（heap）、操作栈（opstack）及程序计数器（program counter），应用的动态信息存储在堆、栈及程序计数器中。应用可以动态地迁移到网络中的任意位置，并且可以提供可选的迁移：强迁移时，Agent 可以传递 code、heap、opstack 及 prcqram couter 信息，达到整个当前运行状态的转移；弱迁移时，Agent 仅仅传递 code 信息，应用迁移到指定位置后重新开始运行。

3.4.2.3 系统总体部署结构

A 设计思路

对于用户的查询请求采用基于移动代理的数据查询方式，将要进行的查询采用移动代理的方式发送到指定的查询节点，所有的查询操作均由代理在节点上完成，查询完成后代理结束它的生命周期或者根据需要迁移到其他节点，对于查询到的信息采用远程元组请求消息发送到 PC 机端，在 PC 机端对消息解包后取出查询到的结果数据并显示出来。

B 设计要点

（1）根据查询参数解析生成相应的"查询 Agent"代码段。

（2）调用 DisWare 平台的插入机制将 Agent 插入到查询节点中。

（3）节点端的处理仅在 Agent 的代码段中进行（.ma 文件编辑），功能为：循环抽样感知指定的数据，然后采用元组远程插入操作（即发送"元组插入消息"）将元组返回给 PC 机端。

（4）PC 机端软件从串口监听消息，判断获得的元组是否为查询结果，并将查询结果数据传递到数据处理模块以表格及图形的形式将数据显示出来。

（5）根据用户需要及系统需求（当预定缓存已满时应转入历史数据库中），将查询得到的数据存储到本地数据库中。

（6）实现历史数据库的查询操作处理。

（7）提供可变 GUI 布局功能。

3.4.3 DisWareDM 系统的详细设计

3.4.3.1 基站查询服务系统模块结构

（1）用户查询交互接口。提供用户端与服务器的交互接口。

（2）即时查询分析处理模块。实现对用户发出的即时查询请求的分析和处理，并收取从网络中发送回来的查询结果，进行计算分析，然后交付用户终端显示结果，最后将感知数据保存到历史数据库中。

（3）历史数据访问处理模块。完成对过去保存的感知数据的查询和存储管理，实现对传感器网络的历史信息的查询功能。

3.4.3.2　即时查询处理模块设计

即时查询处理模块主要对用户输入的查询参数进行解析，首先根据相应的查询参数选项或值构造查询 Agent 的相应代码段，形成完整的查询 Agent 程序源代码；然后调用 MeshIDE DisWare 对该源代码进行编译；最后生成二进制的 Agent 指令代码。

DisWare 系统即时查询处理步骤如下：

（1）根据查询请求的参数解析查询任务，并生成相应的"查询 Agent"代码段。

（2）调用 DisWare 平台的 Agent 插入机制将"查询 Agent"插入到网络中的目标节点上。

（3）节点端的查询处理体现在 Agent 的代码段中（. ma 文件编辑），根据前面的系统结构和功能定义该查询"Agent"的处理过程主要为：周期性抽样提取感知数据，然后将感知数据保存在"感知元组"中，调用元组远程插入操作（即发送"元组插入消息"）将元组返回给基站。

（4）基站即时查询模块查询元组空间，提取"感知元组"，并判断所获元组数据所属的查询请求号，然后对数据进行进一步处理。

3.4.3.3　即时查询结果的接收处理

即时查询分析处理模块在执行即时查询请求并向传感器网络中发送"查询 Agent"的同时，调用查询结果的接收处理模块。该模块根据查询任务设定"结果元组"的查询模板（template），并执行 In（template）元组空间操作，该操作将到元组空间中搜索是否有与模板匹配的元组，如果有则将该元组提取出来，返回并显示该元组信息。

查询结果接收处理模块调用 MeshIDE DisWare 的网络消息监听模块，实时监听传感器网络通信接口，收到来自传感器网络的消息后判断消息类型是否为元组请求消息（TupleResMsg），如果是则提取远程元组操作请求的内容，然后调用远程元组操作请求处理模块将接收到的元组插入到元组空间中，查询结果接收模块调用模板从元组空间中搜索到匹配的元组后将结果显示出来。

一个查询属性对应于一个元组，一个元组包含 4 个字段：

（1）查询代号。表示该元组是针对哪次查询的查询结果（该查询代号从1开始计数）。

（2）抽样次数。表示该查询结果是该 Agent 执行的第几个查询周期感知得到的。

（3）节点地址。记录查询的目标节点编号。

（4）感知数据。记录查询到的感知数值及感知类型。

该模板共有4个域，每个域都是用于匹配结果元组中的4个域：

（1）第3个域用于判断元组是否为数值（VALUE）类型的变量。

（2）第2个域用于判断元组是否为数值（VALUE）类型的变量。

（3）第1个域用于判断元组是否为节点位置（LOCATION）类型的变量。

（4）第0个域用于判断元组是否是读数类型的变量。

当元组空间中找到匹配这种结构的四元组形式的元组时，该元组就被认为是查询结果元组，然后提取该元组的查询请求编号，返回给相应的查询请求处理线程。

3.4.3.4　即时查询的传感器节点端处理

执行节点端的查询任务是在"查询 Agent"中实现的。

3.4.3.5　历史数据库管理

历史数据库安装在本地基站，主要存放历史即时查询得到的节点信息。历史数据库查询处理模块主要实现对本地数据库中存储的历史数据的读取，用户可以根据节点地址、感知属性（光、温度、加速度、磁力计等）、数据收集日期、属性值范围等多条件的组合进行数据库记录查询。数据库采用 SQL Server 2000 系统，通过 JDBC 建立应用程序和数据库服务器之间的连接，系统根据用户通过历史查询图形化接口输入的历史查询参数，解析生成相应的 SQL 查询语句，然后调用 SQL Server 2000 数据库服务，到历史数据库中执行查询语句，如果没有符合条件的查询结果则报出提示信息，如果查询到符合条件的历史记录则将查询结果以表格清单的形式显示。在执行即时查询处理时，当获取到的感知数据记录达到一定数量时（如100条），由查询结果处理系统自动调用历史数据库查询模块。该模块将这些感知数据存储至本地数据库中，也支持用户根据需要手动保存查询结果的数据到历史数据库，由查询结果显示，用户接口上添加的对用户手动保存操作的监听，在该监听处理过程中将调用历史数据存储处理模块。

3.4.4　DisWareDM 的系统功能

3.4.4.1　即时查询功能

在即时查询面板中可输入欲查询的节点地址（可以设置多个节点）、查询内容（光强、温度、加速度、磁力计等）、抽样周期（代表在节点上执行周期性感知抽样的频率）。DisWareDM 查询处理系统接收到用户输入的查询参数后，编制"查询 Agent"程序代码，并设置"查询 Agent"的编号，产生 Agent 主体并将其发送到传感器网络中去，目标地址由查询界面传过来的参数设定。

传感器节点在接收到完整的 Agent 后开始运行该 Agent，通过传感器节点上的传感面板感知所要查询的信息，在感知到数据后将其以元组形式封装，然后调用远程元组插入指令（Rout 指令）将其返回给基站，基站监听接收到数据包后对数据包进行解包，提取其中的感知数据，对数据进行综合处理后通过结果显示界面将结构显示出来，显示结果如图 3-9 所示。

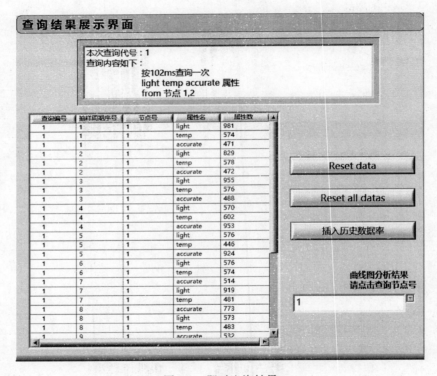

图 3-9　即时查询结果

3.4.4.2　历史查询功能

DisWareDM 系统根据历史查询界面传过来的查询参数解析生成查询 SQL 语句后，从历史数据库中检索出所有符合条件的记录，然后通过表格形式将结果显示出来。

DisWareDM 数据管理系统以类似数据库服务的方式提供无线传感器网络数据查询处理，支持图形化的查询交互接口，支持类 SQL 查询语言和图表化的查询结果显示和分析，并且能将感知数据保存到本地数据库以支持历史传感器网络查询。

DisWareDM 系统还提供应用开发接口，便于根据应用需要进行系统扩展和修改。在进行系统扩展时，可以通过 Agent 之间的相互协作实现查询及计算的分布式处理，缓解由于个别节点负荷过重导致过早失效的问题。也可以通过改变 Agent 在节点上的处理功能，实现对查询数据进行优化处理和计算，然后将优化后的结果传送到基站，由于优化后的结果比原始数据的数据量小得多，因此能大大降低网络的传输能耗，从而延长传感器网络的生命周期。

目前的无线传感器网络设计大多采用"网络即数据库"的数据管理模型，以数据库查询管理的方式有效屏蔽网络处理细节，提供简便的应用访问接口。此外，很多系统都采用了网内查询优化处理，从一定程度上实现了网内查询处理的节能效果。但是大多数数据管理系统普遍存在以下几个方面的问题：

（1）可移植性差。传感器网络数据管理系统的设计往往与低层通信协议的设计紧密相关，这样做的优点是能够实现明确的系统优化目标。例如，利用地理路由协议实现查询发布的目的性，减少查询洪泛带来的巨大通信量。但是，数据管理模块和底层通信模块之间的高耦合性使得系统的可移植性受到限制，当更换一种路由协议之后原有数据管理系统可能无法使用，更无法实现跨操作系统平台的移植。

（2）网络负载不均衡。现有的大部分无线传感器网络数据管理系统仅考虑了单个节点上的查询优化问题，而没有考虑网络全局的节能优化问题，导致传感器网络中流向处理中心（即基站）的数据量往往远大于反方向的流量，由于数据流向处理中心并在处理中心集中，会导致离处理中心越近的节点负载越重，从而导致这些节点过早耗尽能量而不可用。

（3）节点之间的协作处理能力不强。由于传感器网络是全分布式的网络，每个节点的处理能力有限，所以应尽可能地提高传感器节点之间的协作能力，协调复杂任务的处理。然而，在现有的传感器网络数据管理系统中，传感器节点只接收来自基站的查询任务和按查询任务要求进行数据收集和数据分发处理，最多的协作处理也就是在数据转发的过程中进行数据融合处理。节点与节点的查询处理系统之间并不能进行复杂的协作处理和数据交换，因而不能充分发挥传感器网络的计算资源。

（4）扩展性差。由于无线传感器网络应用系统的节点端软件是随操作系统软件一起一次性发布到节点上的，不能随应用需要灵活更改系统功能并进行软件再发布，所以当传感器网络进行软件功能扩展时，需要将所有已投放的节点收回并一个一个重新发布程序，然后将它们重新部署到原来的监测区域中，这样不仅造成很大的麻烦，而且对于某些特别的应用环境来说回收节点是不可操作的。数据管理系统也包含节点端的局部管理系统软件，因此说目前的无线传感器网络数据管理系统的扩展性差。

（5）应用适应性差。采用"网络即数据库"抽象方法的数据管理系统虽然使用基于数据库查询语言的用户接口，尽可能屏蔽复杂的网内处理细节，但是在系统实现时必须要完成复杂的网内处理，传感器节点存储资源有限，能够在传感器节点上实现的查询处理和计算相当有限，只能够满足特定的应用环境，不能实现具有广泛适用性的处理系统。

综上所述，无线传感器网络数据管理技术的研究取得了一定成果，但还有待进一步的深入研究和改进。需要开发一种可跨平台的、可扩展的、低功耗的、支持节点间分布式协作的传感器网络数据管理系统，能根据应用的具体要求设计合理的查询处理结构，在查询准确度和查询时延性之间寻求中和，实现网络的负载平衡，延长网络的使用寿命。

参 考 文 献

[1] 毕卫红，郭海军．基于无线传感器网络的海洋水环境监测系统的设计［J］．电子技术，2010，47（8）：68～71.

[2] 聂亚杰，刘学民，赵文辉．无线传感器网络的数据库体系构想［J］．舰船防化，2006（C00）：47～51.

[3] 纪德文，王晓东．传感器网络中的数据管理［J］．中国教育网络，2007（2）：53～56.

[4] 薛伟．面向物联网的设备状态监测系统关键技术研究［D］．郑州：郑州大学，2012.

[5] 张晋．传感器网络的数据管理的研究［D］．哈尔滨：哈尔滨工程大学，2006.

[6] 刘阳．无线传感器网络中基于分组的感知查询技术的研究［D］．沈阳：东北大学，2008.

[7] 李建中，高宏．无线传感器网络的研究进展［J］．计算机研究与发展，2008（1）：1～15.

[8] 戴晓华，王智，蒋鹏，等．无线传感器网络智能信息处理研究［J］．传感技术学报，2006（1）：1～7.

4 压缩感知理论基本原理

4.1 概述

早在 1970 年，人们在一次数据处理中就发现了 Nyquist 采样定理[1]的限制是可以突破的，但是当时还没有完善的理论证明这一点。随着人们对 Nyquist 采样定理的研究越来越深入，"新息率"采样策略被提出，某个信号在单位时间内具有有限自由度，我们称该自由度为新息率，这成了压缩感知理论发展的基础。压缩感知技术对于传统压缩的优势是显而易见的，它势必会取代传统压缩。研究压缩感知主要从三个方面入手：

（1）信号的稀疏表示；

（2）观测向量的选择；

（3）信号的重构算法的研究。

其中 2006 年 Rice 大学应用压缩感知技术成功地研制出了单像素相机，这是压缩感知技术在图像成像领域的应用，它开创了低像素相机拍摄高像素图片的先河。图 4-1 所示为单像素相机的结构。

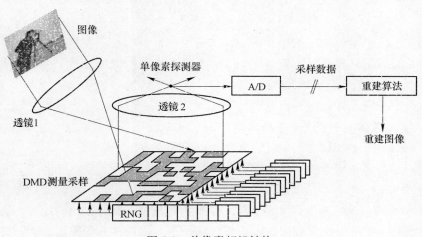

图 4-1　单像素相机结构

压缩感知这一领域已然成了今后的研究方向，越来越多关于压缩感知方面的论文在国外发表[2]，我们应该多借鉴国外的先进经验，加以创新，把压缩感知技术完美地应用到实际中。

4.2　压缩感知的工作原理

当用传统的信号处理方式还原一个信号时需要先对信号采样 500 次，但用压缩感知的技术还原信号就很可能只需要 300 次以内，而还原效果却与传统信号处理方式相同[3]。压缩感知技术可以使我们大大减少观测次数，减少处理数据的成本。

图 4-2 所示为压缩感知工作原理示意图。由图可知，向量 x 是稀疏的，假设向量 x 的稀疏度为 k，即 x 只含 k 个非零项。为了获取 x 中的数据，现用一个给定的观测矩阵 A 对向量 x 进行感知，就能得到一个长度远小于向量 x 的观测向量 y，即：

$$y = Ax \tag{4-1}$$

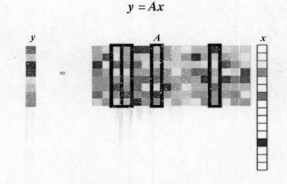

图 4-2　压缩感知采样示意图

压缩感知不同于传统压缩，压缩感知采用的 $y = Ax$ 中，矩阵 A 是 $M \times N$ 的，而不是 $N \times N$ 的，其中 $M < N$，即 A 是一个扁矩阵，根据线性代数可以知道 $y = Ax$ 是一个欠定的问题（即无解或无穷解）[4]，但是因为 x 是稀疏的，那么我们要求的就是方程组最稀疏的解，即最优化问题：

$$\min \|x\|_0 \text{ s. t. } y = Ax \tag{4-2}$$

式中　　$\|x\|_0$——x 的零范数（向量 x 中非零元素的个数）。

那么此最优化问题的解唯一吗？答案是在一定的条件下是唯一的。

假设 $y = Ax$ 中，观测向量 y 是 M 维列向量，原始信号 x 是 N 维列向量，观测矩阵 A 是 $M \times N$ 的矩阵，其中 $M \ll N$，x 的稀疏度为 k，A 矩阵中任意 $2k$ 列向量都是线性无关的，则方程组有唯一解，即信号 x 能被唯一还原出来。

证明：假设：

（1）向量 x_1，x_2 均能满足 $y = Ax$，且 x_1，x_2 的稀疏度都是 k；

（2）矩阵 A 中任意 $2k$ 列向量都是线性无关的。

则 $A(x_1 - x_2) = 0$。如果 $x_1 \neq x_2$，因为 A 矩阵中任意 $2k$ 列向量是线性无关

的，那么 $A(x_1 - x_2) \neq 0$，与前文矛盾，所以 $x_1 = x_2$。故向量 x 能根据向量 y 和矩阵 A 唯一还原出来。

最优化问题 $\min \|x\|_0 \text{ s. t. } y = Ax$ 是一个 NP 难问题。直接对此问题进行求解需要先求出所有满足方程组的解，然后再到这些解中找到最稀疏的解，显然当数据量很大时，很难直接对此问题进行求解。于是人们就研究了一系列信号的重构算法间接求解此最优化问题，求解得到的结果即为原始信号的数据，这就属于压缩感知的理论的研究范畴了[5]。由上面的分析可知，应用压缩感知技术之后，只需要对信号进行远少于信号长度的观测次数就能精确地还原信号，可大大减少对采样设备性能的要求和存储数据的空间。

4.3 信号的稀疏表示

从前文可知，要用压缩感知技术还原出原始信号，原始信号一定是稀疏的，即原始信号是稀疏信号是还原信号的前提[6]。定义：如果信号 x 是稀疏的，那么它必须满足式（4-3）：

$$\|x\|_p \equiv \left(\sum_i |x_i|^p \right)^{1/p} \leq R \qquad (0 < p < 2) \qquad (4-3)$$

式中　　R——一个很小的正数；

　　　　x_i——原始信号 x 中的元素，这时我们认为 x 是稀疏信号。

然而在实际应用中，原始信号往往都不是稀疏的，这给我们运用压缩感知技术造成了困难。虽然不能直接用压缩感知技术还原非稀疏的原始信号，但是能用一个矩阵对原始信号进行投影得到稀疏系数，这个矩阵称为稀疏矩阵或者是稀疏基[7]。图 4-3 所示为信号的稀疏过程，可以写为式（4-4）的形式。

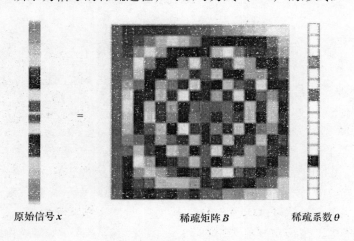

原始信号 x 　　　　　稀疏矩阵 B 　　　　　稀疏系数 θ

图 4-3　信号的稀疏表示

$$x = B\theta \tag{4-4}$$

式中　x——N 维列向量，表示原始信号；

　　　B——$N \times N$ 的可逆矩阵。

我们称矩阵 B 为稀疏矩阵，根据线性代数可知方程组有唯一解 θ。假设 θ 中非零系数有 k 个，即 θ 的稀疏度为 k，那么就称原始信号 x 为 k 稀疏信号；假设 θ 中 k 个系数的绝对值较大，其余系数都非常接近于零，则把原始信号称为近似 k 稀疏信号[8]。这种能被稀疏系数表示的原始信号称为可压缩的原始信号[9]。

把原始信号稀疏表示之后，然后对信号进行观测，即：

$$y = Ax = AB\theta \tag{4-5}$$

式中　A——$M \times N$ 的矩阵，称为观测矩阵；

　　　y——M 维列向量，称为观测向量[10]。

令 $AB = \varphi$，称 φ 为传感矩阵，式（4-5）变为：

$$y = \varphi\theta \tag{4-6}$$

得到向量 y 之后然后再用传感矩阵和重构算法先对稀疏系数 θ 进行构造，然后利用 $x = B\theta$ 还原出原始信号。

信号的稀疏表示是信号重构的前提。对于不同的信号，稀疏矩阵的选择也不同，必须根据原始信号的特征来选择稀疏矩阵，才能把原始信号更好地稀疏表示。从对傅里叶变换的研究到对小波变换的研究，越来越多的稀疏矩阵被发现。在寻找稀疏矩阵的时候，可以利用稀疏系数 θ 中的元素的衰减速度来衡量稀疏矩阵的稀疏表示能力[14]。Candes 和 Tao 等人的研究表明，如果一个信号中的元素按幂次速度衰减，那么理论上，这个信号可以应用压缩感知技术恢复出来，而且信号恢复误差满足式（4-7）：

$$E = \|\dot{x} - x\|_2 \leqslant C_r \times \left[(k/\mathrm{log}N)^6 \right]^{-r} \tag{4-7}$$

$$r = 1/p - 1/2 \qquad (0 < p < 1)$$

式中　$\dot{x}$——重构信号；

　　　x——原始信号；

　　　k——原始信号的稀疏度；

　　　N——原始信号的长度。

只有找到合适的稀疏基才能保证信号的稀疏度条件，才能保证信号还原时的恢复精度[12]。目前在实际应用中用到的稀疏基都是标准正交基，其中包括快速傅里叶变换基、离散小波基等。近年来，对信号的稀疏表示又有了新的方法，那就是在冗余字典下对信号进行稀疏表示。

稀疏矩阵是压缩感知技术研究的重点，只有把信号尽可能稀疏化之后，重构信号的速度和精确度才能大大提高。

4.4 观测矩阵的设计

Candes 等人指出，当用一个大小为 $M \times N$ 的观测矩阵 A 对一个长度为 N 的原始信号 x 进行观测时，可得到一个长度为 M 的观测向量 y，其中原始信号 x 的稀疏度为 k。要精确地恢复出原始信号 x，则必须满足式（4-8）：

$$M = O(k \times \ln N) \tag{4-8}$$

并且观测矩阵 A 必须满足约束等距性条件。

对于任意 $c \in \mathbf{R}^{|T|}$，如果满足式（4-9）：

$$(1 - \delta_k) \| c \|_2^2 \le \| A_T c \|_2^2 \le (1 + \delta_k) \| c \|_2^2 \tag{4-9}$$

式中　δ_k——常数，$\delta_k \in (0, 1)$，$T \subset \{1, \cdots, N\}$，且 $|T| \le 2k$；

A_T——A 中由 T 所指出的相关列构成的大小为 $k \times |T|$ 的子矩阵，那么测量矩阵 A 就满足约束等距性条件。

通常认为，要使一个稀疏度为 k 的信号 x（其中 k 个非零值的位置不确定）根据测量向量 y 和测量矩阵 A 精确重建出来，测量矩阵 A 应该满足 $2k$ 阶约束等距性条件，即满足式（4-10）：

$$(1 - \delta_{2k}) \| c \|_2^2 \le \| A_T c \|_2^2 \le (1 + \delta_{2k}) \| c \|_2^2 \tag{4-10}$$
$$c \in \mathbf{R}^{|T|}$$

式中　δ_{2k}——常数，$\delta_{2k} \in (0, 1)$，$T \subset \{1, \cdots, N\}$，且 $|T| \le 2k$；

A_T——A 中由 T 所指出的相关列构成的大小为 $2k \times |T|$ 的子矩阵。

在压缩感知技术实际应用中，因为原始信号一般不是稀疏的，应该先把原始信号稀疏表示，然后再对原始信号进行观测。如果想要精确地重构原始信号，则传感矩阵必须满足 $2k$ 约束等距条件，即满足式（4-11）：

$$(1 - \delta_{2k}) \| c \|_2^2 \le \| \varphi_T c \|_2^2 \le (1 + \delta_{2k}) \| c \|_2^2 \tag{4-11}$$
$$c \in \mathbf{R}^{|T|}$$

式中　δ_{2k}——常数，$\delta_{2k} \in (0, 1)$，$T \subset \{1, \cdots, N\}$，且 $|T| \le 2k$；

φ_T——φ 中由 T 所指出的相关列构成的大小为 $2k \times |T|$ 的子矩阵。

有人证明传感矩阵满足约束等距性条件等价于观测矩阵和稀疏矩阵不相干。图 4-4 所示为实际应用中压缩感知采样方式。

科学家们经过大量的实践发现，精确重构原始信号所需要的观测数量取决于稀疏矩阵和观测矩阵的不相关性，稀疏矩阵和观测矩阵越不相关，所需的观测数量就越少。

因为当对信号进行稀疏表示时，为了尽可能地达到最佳的稀疏效果，必须提前选定特定的稀疏矩阵 B，所以为了使传感矩阵 $\varphi = AB$ 满足约束等距条件，只需对观测矩阵 A 进行专门的设计即可。

已经得到证明当观测矩阵 A 为高斯随机矩阵时，传感矩阵 φ 将有很大的概

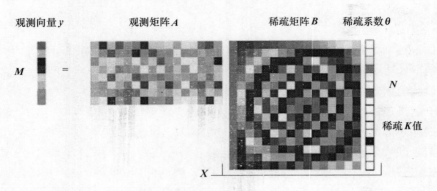

图 4-4   实际应用中压缩感知采样方式

率满足约束等距性条件，所以通常选择一个高斯随机矩阵作为观测矩阵 A。

除了高斯随机矩阵可以作为观测矩阵，还有很多随机矩阵都能作为观测矩阵，其中包括部分 Fourier 集、二值随机矩阵、托普利兹矩阵等。Donoho 等人还提出了结构化随机矩阵。结构化随机矩阵实质上是伯努利矩阵、随机高斯矩阵和局部傅里叶变换矩阵的混合矩阵，它拥有这三种矩阵各自的特点。用这些观测矩阵对原始信号进行重构时，恢复出来的信号都较精确，产生的误差都较小，而且随着观测数目的增加误差进一步减少。但是用这些矩阵作为观测矩阵对信号重构时，也并不是绝对能还原出原始信号，只是在理论上有很大的概率而已。

4.5   压缩感知的实际应用

压缩感知技术已经在很多领域都得到了应用，其中典型的有压缩成像、信道编码、天文观测。

4.5.1   压缩成像

压缩感知技术很早就应用于压缩成像的领域，早在 2006 年，美国就成功地研制出了单像素相机。单像素相机只有一个传感器，但是通过对图像的多次观测却能拍摄出高像素的图像，这是压缩感知应用到压缩成像的典型代表。

单像素相机先把原始图像信号通过一个透镜投影到一个数字微镜阵列（DMD）上，数字微镜阵列是由很多能够上下偏转的微小镜面组成，偏转的角度为 12°。当微小镜面偏转的角度为 12°时，原始图像信号投影在这个微小镜面的部分就将被反射到另一个透镜然后聚焦到单点传感器上；当微小镜面偏转的角度为 −12°时，原始图像信号投影在这个微小镜面的部分就不会被反射到另一个透镜上，也就不会聚焦到单点传感器上。所有通过微小镜面投影到单点传感器上的原始信号叠加使单点传感器两端产生电压，得到的电压值就是测量值[27]。这里假设数字微镜阵列上有 N 个微小镜面，原始图像信号投影在数字微镜阵列上就相当于长度为 N 的原始信号 x。通过对微小镜面角度的控制得到电压值，然后重新调整微小镜面的角度，得到另一个电压值，如此反复进行 M 次测量，这 M 个测量值组成长度为 M 的观测向量，其中 $M \ll N$。通过这 M 个测量值和每次测量时数字微镜阵列上每个微小镜面的偏转方向，就可以恢复出原始信号图像。

这就是单像素相机的工作原理，可大大减少图像的储存空间。把压缩感知技术应用在单像素相机，用单像素相机就能拍出高像素相机的效果。可以用远小于原始信号的长度就能恢复出原始信号，这就是压缩感知技术的前景被人们看好的主要原因。

已知原始信号 x 的长度为 N，每次测量时数字微镜阵列上的微小镜面的偏转方向组成测量矩阵 ϕ 的每一行，M 次测量数字微镜阵列上的微小镜面的偏转方向组成大小为 $M \times N$ 的测量矩阵 ϕ，M 次测量后得到的测量值组成长度为 M 的观测向量 y。最后可以用压缩感知技术信号重构方法中的最小全变分法来重构原始图像。单像素相机目前相比于传统相机不管是在拍照效果还是硬件造价上都有不小的差距，还有很大的改进空间。

4.5.2 信道编码

我们生活在数据的海洋中，每天免不了进行数据的传输，因为噪声、干扰等原因，在直接传输数据的过程中难免会存在数据受损、失真等问题，于是人们发明了信道编码技术。信道编码技术就是在原始比特的基础上，加入其他比特，使原始比特上的信息扩散到其他比特上，从而使得数据传输完成后能根据所有比特发现在传输过程中比特流出现的受损，最后进行修复就能完美还原数据。

把压缩感知技术应用到信道编码之中，就可以设计出更加快速、性能好的误差校正编码[10]。图 4-5 所示为具有信道编码的压缩感知传输结构。

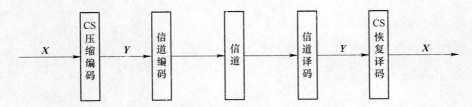

图 4-5 具有信道编码的压缩感知传输结构

假设原始信号 X 的长度为 N，经过 CS 压缩编码之后得到长度为 M 的观测向量 Y，其中 $M < N$，然后对观测向量 Y 进行信道编码，把编码后的数据进行传输，再进行信道译码还原出观测向量 Y，最后通过解码重构恢复出原始信号。压缩感知技术使得信道编码更快捷方便，抗噪声能力明显增强。

　　Haupt 等人的研究表明，如果信号是信噪比足够大的或者高度可压缩的，那么就算测量过程中存在着噪声的影响，但是利用压缩感知技术还是能够精确重构信号。Wakin 等人研究出了基于压缩感知技术的编码方法和视频序列表示。利用原始图像与背景差图像稀疏的性质，Cevher 进行了背景抽取，可以直接对图像中研究目标成像。

4.5.3　天文观测

　　在天文观测领域，大量的天文图像数据用传统方法进行传输和储存已经越来越困难了，因此需要对数据进行有效的压缩，减少数据储存所占用的空间，加快传输数据的速度。图 4-6 所示为用压缩感知还原的图像。

图 4-6　用压缩感知还原星空图

　　许多天文现象图像信号在频域上是高度稀疏的，就算在干扰严重的情况下，也能利用压缩感知技术完美地重构天文图像信号在时域上的图像，把压缩感知技术应用在天文观测方面能够：

（1）使天文图像压缩过程更简单，计算量小；

（2）降低在星球上安装采样设备的数目；

（3）大大减少天文观测的采样次数，从而降低采样设备的成本。

4.6　压缩感知的基本算法

　　压缩感知理论主要包含两大部分，即观测值的获取和原始信号的重构。这两个步骤是压缩感知理论的核心所在，本节将对这两个核心问题进行介绍。

4.6.1　观测矩阵的基础知识

4.6.1.1　高斯随机矩阵

　　在众多的观测矩阵中，高斯随机矩阵是最为常见的。就一个 $\boldsymbol{\Phi} \in R^{M \times N}$ 的高斯随机矩阵来说，其元素的均值需要为零，其元素的方差需要为 $\dfrac{1}{\sqrt{M}}$，即：

$$\boldsymbol{\Phi}_{i,j} \sim N\left(0, \frac{1}{\sqrt{M}}\right) \tag{4-12}$$

高斯随机矩阵与其他矩阵相比，其随机性非常强，它可以满足 RIP 的性质，并且概率非常高。在众多测量矩阵中，其优越性在于：

（1）适应性很强，易满足 RIP 定理。

（2）需要的采样次数较少。

4.6.1.2 贝努利随机矩阵

贝努利随机矩阵也是压缩感知理论常用的观测矩阵。$\boldsymbol{\Phi} \in R^{M \times N}$ 的贝努利随机矩阵的元素服从对称的贝努利分布[34]，即：

$$\boldsymbol{\Phi}_{i,j} = \begin{cases} +\dfrac{1}{\sqrt{M}} & \text{概率为} \dfrac{1}{2} \\ -\dfrac{1}{\sqrt{M}} & \text{概率为} \dfrac{1}{2} \end{cases} \tag{4-13}$$

已经有理论证明贝努利随机矩阵的 RIP 性质。由于贝努利随机矩阵和高斯随机矩阵有很多相似的性质，因此被广泛用于仿真实验中。

4.6.1.3 部分正交矩阵

在众多随机观测矩阵中，部分正交矩阵也算其中一员。它的构造方式是：先生成 $\boldsymbol{U} \in R^{N \times N}$ 的正交矩阵，然后随机地选取 M 行向量，将这些行向量重新组合，生成 $\boldsymbol{\Phi} \in R^{M \times N}$ 的新矩阵，接着对其列向量进行归一化，得到观测矩阵。观测值 M 和稀疏度 K 需要满足式（4-14），其中的系数 μ 需满足式（4-15）：

$$K \leqslant c \frac{1}{\mu^2} \frac{M}{(\log N)^6} \tag{4-14}$$

$$\mu = \sqrt{M} \max_{i,j} |U_{i,j}| \tag{4-15}$$

4.6.1.4 不同观测矩阵的对比

根据已有的研究和实验结果，得出以下结论：

（1）当采样次数 M 非常小的时候，高斯随机矩阵的效果最好，部分正交矩阵的效果与高斯随机矩阵的效果相当。相比较而言，随机贝努力矩阵的效果最次。

（2）当采样次数 M 稍微变大时，效果会发生些许变化，此时，效果部分正交矩阵的效果稍胜一等，接着是高斯随机矩阵，随机贝努力矩阵效果较次。

其综合性能优劣比较如图 4-7 所示依次下降。

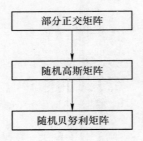

图 4-7   不同测量矩阵性能优劣示意图

对于一个矩阵的优劣评估，还得把其构造的难易程度包括在内，加以综合考虑。就上述三种测量矩阵而言，部分正交矩阵构造起来最难；其次是随机高斯矩阵，其构造难度也较大；随机贝努力矩阵的构造难度略小些。综合构造难度如图4-8 所示依次递减。

图 4-8   不同测量矩阵构造难度示意图

以上的矩阵都是随机测量矩阵，因为它们在运用的过程中都存在随机变量，这也使得它们优缺点并存。随机矩阵最大的优越性是其对信号的适应性强；而其最大的缺点是使用时的不确定性，也就是说每次试验的结果可能不能真实反映矩阵的实际特性。为此需要进行大量实验，通过求平均的方法来消除不确定性。

4.6.2   重构算法的基础知识

目前为止出现的重构算法都可归入以下三大类：

（1）贪婪追踪算法。这类方法是通过每次迭代时选择一个局部最优解来逐步逼近原始信号。这些算法包括 MP 算法、OMP 算法、分段 OMP 算法（StOMP）和正则化 OMP（ROMP）算法。

（2）凸松弛法。这类方法通过将非凸问题转化为凸问题求解找到信号的逼近，如 BP 算法、内点法、梯度投影方法和迭代阈值法。

（3）组合算法。这类方法要求信号的采样支持通过分组测试快速重建，如傅里叶采样、链式追踪和 HHS（heavg hitters on steroids）追踪等。

4.6.2.1 贪婪算法

贪婪算法是指在对问题求解时，总是做出在当前看来是最好的选择。也就是说，不从整体最优上加以考虑，只作出在某种意义上的局部最优解。贪婪算法不是对所有问题都能得到整体最优解，关键是贪婪策略的选择，选择的贪婪策略必须具备无后效性，即某个状态以前的过程不会影响以后的状态，只与当前状态有关。在一些情况下，即使贪婪算法不能得到整体最优解，其最终结果却是最优解的很好近似。

4.6.2.2 贪婪算法的两大性质

贪婪算法有两个重要的性质：贪婪选择性质与最优子结构性质。

A 贪婪选择性质

贪婪算法的第一个关键要素就是贪婪选择性质：通常可以做出局部最优选择来构造最优解。也就是说，当需要做出选择时，总是以当前的情况为基础做出最优选择，而不用考虑子问题的解。这是和动态规划最大的不同之处，在动态规划中每次做出一个选择的时候总是要将所有选择进行比较以后才能确定到底采用哪一种选择，而这种选择的参考依据是以子问题的解为基础的，所以动态规划总是采用自下而上的方法，先得到子问题的解，再通过子问题的解构造原问题的解。就算是自上而下的算法也是先求出子问题的解，通过递归调用自下而上返回每一个子问题的最优解。

在贪婪算法中，总是在原问题的基础上做出一个选择，然后求解剩下的唯一子问题，贪婪算法从来都不依赖子问题的解，不过有可能会依赖上一次做出的选择，所以贪婪算法是自上而下的，一步一步的选择将原问题一步步消减得更小。

B 最优子结构

对于多阶段决策问题，如果每一个阶段的最优决策序列的子序列也是最优的，且决策序列具有"无后效性"，就可以将此决策方法理解为最优子结构。如果一个问题的最优解包含其子问题的最优解，那么就称这个问题具有最优子结构性质。最优子结构这个性质是动态规划和贪婪算法都必须具备的关键性质。

4.6.2.3 贪婪算法的基本思路

从问题的某一个初始解出发逐步逼近给定的目标，以尽可能快的速度求得更好的解。当达到算法中的某一步不能再继续前进时，算法停止。

解题的一般步骤如下：

（1）建立数学模型来描述问题；

（2）把求解的问题分成若干个子问题；

（3）对每一子问题求解，得到子问题的局部最优解；

（4）把子问题的局部最优解合成原来问题的一个解。

最优解问题大部分都可以拆分成一个个的子问题，如果把解空间的遍历视作对子问题树的遍历，则以某种形式对树整个的遍历一遍就可以求出最优解，大部分情况下这是可行的。贪婪算法本质上是对子问题树的一种修剪，该算法要求问题具有的一个性质就是子问题的最优性（组成最优解的每一个子问题的解，对于这个子问题本身肯定也是最优的）。贪婪算法是动态规划方法的一个特例，可以证明每一个子树的根的值不取决于下面叶子的值，而只取决于当前问题的状况。换句话说，不需要知道一个节点所有子树的情况，就可以求出这个节点的值。由于贪婪算法的这个特性，它对解空间树的遍历不需要自底向上，而只需要自根开始，选择最优的路，一直走到底就可以了。

4.6.2.4　MP 算法和 StOMP 算法

MP（matching pursuits）算法和 StOMP（stagewise orthogonal matching pursuit）算法虽然在 20 世纪 90 年代初就提出来了，但作为经典的算法，国内文献都仅描述了算法步骤和简单的应用，并未对其进行详尽的分析。

A　信号的稀疏表示

给定一个过完备字典矩阵 $D \in R^{n*k}$，其中它的每列表示一种原型信号的原子。给定一个信号 y，它可以被表示成这些原子的稀疏线性组合。信号 y 可以被表达为 $y = Dx$，或者 $y \approx Dx$，satisfying $\|y - Dx\|_p \leqslant \varepsilon$。字典矩阵中所谓过完备性，指的是原子的个数远远大于信号 y 的长度（其长度很显然是 n），即 $n \ll k$。

B　MP（matching pursuits）算法

作为对信号进行稀疏分解的方法之一，将信号在完备字典库上进行分解。假定被表示的信号为 y，其长度为 n。假定 H 表示 Hilbert 空间，在这个空间 H 里，由一组向量 $\{x_1, x_2, \cdots, x_n\}$ 构成字典矩阵 D，其中每个向量可以称为原子，其长度与被表示信号 y 的长度 n 相同，而且这些向量已作为归一化处理，即 $\|x_i\| = 1$，也就是单位向量长度为 1。MP 算法的基本思想：从字典矩阵 D（也称为过完备原子库）中选择一个与信号 y 最匹配的原子（也就是某列），构建一个稀疏逼近，并求出信号残差；然后继续选择与信号残差最匹配的原子，反复迭代，信号 y 可以由这些原子求线性和，再加上最后的残差值来表示。很显然，如果残差值在可以忽略的范围内，则信号 y 就是这些原子的线性组合。

使用 MP 进行信号分解的步骤如下：

（1）计算信号 y 与字典矩阵中每列（原子）的内积，选择绝对值最大的一

个原子，它就是与信号 y 在本次迭代运算中最匹配的。用专业术语来描述：令信号 $y \in H$，从字典矩阵中选择一个最为匹配的原子，满足 $|<y, x_{r_0}>| = \sup\limits_{i \in (1,\cdots,k)} |<y, x_i>|$，$r_0$ 表示一个字典矩阵的列索引。这样，信号 y 就被分解为在最匹配原子 x_{r_0} 的垂直投影分量和残值两部分，即：$y = <y, x_{r_0}>x_{r_0} + R_1 f$。

（2）对残值 Rf 进行步骤（1）同样的分解，则第 K 步可以得到：$R_k f = <R_k f, x_{r_{k+1}}>x_{r_{k+1}} + R_{k+1} f$，其中 $x_{r_{k+1}}$ 满足 $|<R_k f, x_{r_{k+1}}>| = \sup\limits_{i \in (1,2,\cdots,k)} |<R_k f, x_i>|$。可见，经过 K 步分解后，信号 y 被分解为：$y = \sum\limits_{n=0}^{k} <R_n f, x_{r_n}> R_n f + R_{k+1} f$，其中 $R_0 f = y$。

（3）为什么要假定在 Hilbert 空间中？Hilbert 空间就是定义了完备的内积空间。很显然，MP 算法中的计算使用向量的内积运算，所以在 Hilbert 空间中进行信号分解理所当然。

（4）为什么原子要事先被归一化处理，即上面的描述 $\|x_i\| = 1$。内积常用于计算一个矢量在一个方向上的投影长度，这时方向的矢量必须是单位矢量。MP 中选择最匹配的原子是选择内积最大的一个，也就是信号（或是残值）在原子（单位的）垂直投影长度最长的一个，比如第一次分解过程中，投影长度就是 $<y, x_{r_0}>$。$y = <y, x_{r_0}>x_{r_0} + R_1 f$，三个向量构成一个三角形，且 $R_1 f$ 和 $<y, x_{r_0}>x_{r_0}$ 正交（不能说垂直，但是可以想象在二维空间这两个矢量是垂直的）。

（5）MP 算法是收敛的，因为 $R_k f = <R_k f, x_{r_{k+1}}>x_{r_{k+1}} + R_{k+1} f$，$R_{k+1} f$ 和 $x_{r_{k+1}}$ 正交，由这两个可以得出 $\|R_k f\|^2 = \|R_{k+1} f\|^2 + |<R_k f, x_{r_{k+1}}>|^2$，得出每一个残值比上一次的小，故而收敛。

在 Hilbert 空间 H 中，构建集合 M，即用来分解的信号的原子集，$m \in M$。令原始信号为 y 且 $y \in H$，依据 MP 算法的基本思想对 y 进行分解：

$$y = (y, m)m + r_i \tag{4-16}$$

式中 r_i——y 分解掉 m 方向分量后的残差。

在接下来的迭代过程中，将 y 被逐步分解，直到残差在允许的范围之内为止：

$$r_{i-1} = (r_{i-1}, m_i)m_i + r_i \tag{4-17}$$

最终原始信号 y 分解得到的结果如式（4-18）所示：

$$y = \sum_{j=0}^{i} (r_i, m_i)m_i + r_{i+1} \tag{4-18}$$

当残差为零的时候信号得到精确分解。

压缩感知匹配追踪算法实现步骤如下。

步骤 1：确定算法的输入量。

步骤 2：初始化重构信号估计值 $\hat{x} = 0$、残差 $r_0 = y$、信号支撑 $\Gamma_0 = \varnothing$。

步骤 3：执行迭代，迭代步骤如下：

（1）寻找信号支撑索引：$\lambda_l = \mathrm{argmax}_{j=1,\cdots,N}\, \left| <r_{l-1}, m_i> \right|$

（2）将寻找到的信号支撑索引加入信号支撑集：$\Lambda_l = \Lambda_{l-1} \cup \{\lambda_l\}$

（3）更新估计信号：$\hat{x}_l = \hat{x}_{l-1} + \Phi_{\lambda l}^{+} r_{l-1}$

（4）更新残差：$r_l = r_{l-1} - \Phi_{\lambda l} \Phi_{\lambda l}^{+} r_{l-1}$

式中 $\Phi_{\lambda l}^{+}$ 为 $\Phi_{\lambda l}$ 的伪逆：$\Phi_{\lambda l}^{+} = (\Phi_{\lambda l}^{T} \Phi_{\lambda l})^{-1} \Phi_{\lambda l}^{T}$

（5）$l > k$，算法结束。

步骤 4：输出重构信号 $\hat{x} = \hat{x}_l$。

C　StOMP（stagewise orthogonal matching pursuit）算法

分段正交匹配追踪（stagewiseOMP）或者译为逐步正交匹配追踪，它是 OMP 的另一种改进算法，每次迭代可以选择多个原子。此算法的输入参数中没有信号稀疏度 K，因此相比于 ROMP 及 CoSaMP 有独到的优势。

压缩观测 $y = \Phi x$，其中 y 为观测所得向量 $M \times 1$，x 为原信号 $N \times 1 (M \ll N)$。x 一般不是稀疏的，但在某个变换域 Ψ 是稀疏的，即 $x = \Psi\theta$，其中 θ 为 K 稀疏的，即 θ 只有 K 个非零项。此时 $y = \Phi\Psi\theta$，令 $A = \Phi\Psi$，则 $y = A\theta$。

（1）y 为观测所得向量，大小为 $M \times 1$；

（2）x 为原信号，大小为 $N \times 1$；

（3）θ 为 K 稀疏的，是信号在 x 在某变换域的稀疏表示；

（4）Φ 称为观测矩阵、测量矩阵、测量基，大小为 $M \times N$；

（5）Ψ 称为变换矩阵、变换基、稀疏矩阵、稀疏基、正交基字典矩阵，大小为 $N \times N$；

（6）A 称为测度矩阵、传感矩阵、CS 信息算子，大小为 $M \times N$。

$y = \Phi\Psi\theta$，一般有 $K \ll M \ll N$，后面三个矩阵各个文献的叫法不一，在这里将 Φ 称为测量矩阵，将 Ψ 称为稀疏矩阵，将 A 称为传感矩阵。

注意：这里的稀疏表示模型为 $x = \Psi\theta$，所以传感矩阵 $A = \Phi\Psi$；而有些文献中稀疏模型为 $\theta = \Psi x$，而一般 Ψ 为 Hermite 矩阵（实矩阵时称为正交矩阵），所以 $\Psi^{-1} = \Psi^{H}$（实矩阵时为 $\Psi^{-1} = \Psi^{T}$），即 $x = \Psi^{H}\theta$，所以传感矩阵 $A = \Phi\Psi^{H}$。

正交匹配追踪（OMP）算法在性能上较 MP 而言有所提升，它最早在信号的稀疏分解中被应用。其步骤基本同 MP 算法一样，只是每次迭代选出的列向量都要经过和支撑集里的元素进行正交化的过程。

下面给出压缩感知 StOMP 算法的具体操作步骤。

步骤 1：设定正交匹配追踪算法输入。

步骤 2：初始化重构信号估计值 $\hat{x} = 0$、残差 $r_0 = y$、信号支撑 $\Gamma_0 = \varnothing$。

步骤 3：执行迭代，迭代步骤如下：

（1）寻找信号支撑索引：

$$\lambda_l = \arg\max_{j=1,\cdots,V} \left| < r_{i-1}, m_i > \right| \tag{4-19}$$

（2）将寻找到的信号支撑索引加入信号支撑集：

$$\Lambda_l = \Lambda_{l-1} \cup \{\lambda_l\} \tag{4-20}$$

（3）更新残差：

$$r_l = y_{l-1} - \boldsymbol{\Phi}_{\Lambda l} \boldsymbol{\Phi}_{\Lambda l}^+ y \tag{4-21}$$

（4）若 $l > K$，算法结束。

步骤4：输出重构信号：

$$\hat{\boldsymbol{x}} = \boldsymbol{\Phi}_{\Lambda l}^+ \boldsymbol{y}, \hat{\boldsymbol{x}}_{\{1,\cdots,N\}-\Lambda l} = 0 \tag{4-22}$$

StOMP 重构算法流程：

输入：

（1）$M \times N$ 的矩阵 $\boldsymbol{A} = \boldsymbol{\Phi}\boldsymbol{\Psi}$；

（2）$N \times 1$ 维观测向量 $\boldsymbol{y}$；

（3）迭代次数 S，默认为 10；

（4）门限参数 t_s，默认为 2.5。

输出：

（1）信号稀疏表示系数估计 $\hat{\boldsymbol{\theta}}$；

（2）$N \times 1$ 维残差 $\boldsymbol{r}_s = \boldsymbol{y} - \boldsymbol{A}_s \hat{\boldsymbol{\theta}}_s$。

以下流程中：r_t 表示残差，$\varnothing$ 表示空集，J_0 表示迭代找到的索引（列序号），Λ_t 表示 t 次迭代的索引（列序号）集合（注意：设元素个数为 L_t，一般有 $L_t \neq t$，因为每次迭代找到的索引 J_0 一般并非只含有一个列序号），a_j 表示矩阵 $\boldsymbol{A}$ 的第 j 列，$\boldsymbol{A}_t$ 表示按索引 Λ_t 选出的矩阵 $\boldsymbol{A}$ 的列集合，$\boldsymbol{\theta}_t$ 为 $L_t \times 1$ 的列向量，符号 $\cup$ 表示集合并运算，$< \bullet, \bullet >$ 表示求向量内积，abs[·] 表示求模值（绝对值）。

（1）初始化 $\boldsymbol{r}_0 = \boldsymbol{y}$，$\Lambda_0 = \varnothing$，$t = 1$；

（2）计算 $u = \text{abs}[\boldsymbol{A}^{\mathrm{T}} \boldsymbol{r}_{t-1}]$（即计算 $< r_{t-1}, a_j >$，$1 \leqslant j \leqslant N$），选择 u 中大于门限 T_h 的值，将这些值对应 $\boldsymbol{A}$ 的列序号 j 构成集合 J_0（列序号集合）；

（3）令 $\Lambda_t = \Lambda_{t-1} \cup J_0$，$\boldsymbol{A}_t = \boldsymbol{A}_{t-1} \cup \boldsymbol{a}_j (\forall j \in J_0)$；若 $\Lambda_t = \Lambda_{t-1}$（即无新列被选中），则停止迭代进入第（7）步；

（4）求 $\boldsymbol{y} = \boldsymbol{A}_t \boldsymbol{\theta}_t$ 的最小二乘解：$\hat{\boldsymbol{\theta}}_t = \arg\min_{\theta_t} \|\boldsymbol{y} - \boldsymbol{A}_t \boldsymbol{\theta}_t\| = (\boldsymbol{A}_t^{\mathrm{T}} \boldsymbol{A}_t)^{-1} \boldsymbol{A}_t^{\mathrm{T}} \boldsymbol{y}$；

（5）更新残差 $\boldsymbol{r}_t = \boldsymbol{y} - \boldsymbol{A}_t \hat{\boldsymbol{\theta}}_t = \boldsymbol{y} - \boldsymbol{A}_t (\boldsymbol{A}_t^{\mathrm{T}} \boldsymbol{A})^{-1} \boldsymbol{A}_t^{\mathrm{T}} \boldsymbol{y}$；

（6）$t = t + 1$，如果 $t \leqslant S$ 则返回第（2）步继续迭代，如果 $t > S$ 或残差 $\boldsymbol{r}_t = 0$ 则停止迭代进入第（7）步；

（7）重构所得 $\hat{\boldsymbol{\theta}}$ 在 Λ_t 处有非零项，其值分别为最后一次迭代所得 $\hat{\boldsymbol{\theta}}_t$。

对门限参数 T_h 给出的是一个取值范围，所以有必要仿真 T_h 取不同值时的重构效果，因此附件程序3代码是基于 OMP 相应的测试代码修改的，但相对来说改动较大。

StOMP 单次重构结果如图 4-9 所示。

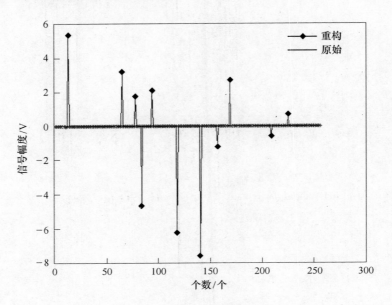

图 4-9   StOMP 单次重构图

图 4-10 所示是分别将稀疏度 K 为 4、12、20、28 时将 6 种 T_h 取值的测量数 M 与重构成功概率关系曲线绘制在一起，以比较 T_h 对重构结果的影响。

通过对比可以看出，总体上讲 $T_h = 2.4$ 或 $T_h = 2.6$ 时效果较好，较大和较小重构效果都会降低，这里没有 $T_h = 2.5$ 的情况，但可以推测 $T_h = 2.5$ 应该是一个比较好的值，因此一般默认 2.5 即可。

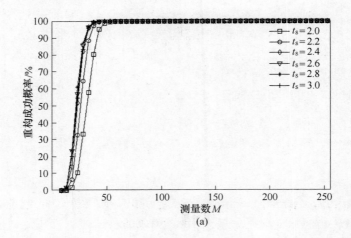

(a)

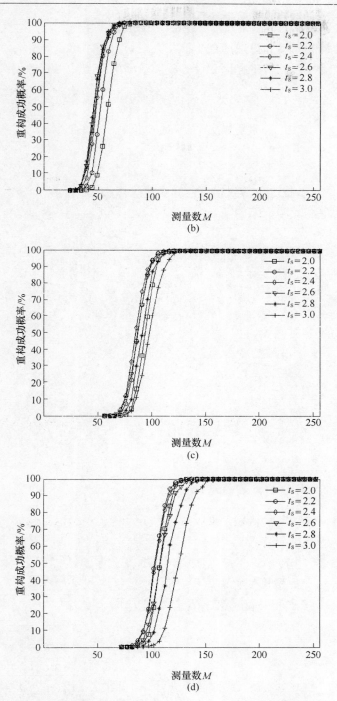

图 4-10 稀疏度 K 分别为 4（a）、12（b）、20（c）、28（d）时
测量数 M 与重构成功概率关系曲线

D　梯度追踪算法

贪婪算法虽然有着其可取之处，但是其短板也是不可避免的，在存储方面必须有额外的空间，因此对于存储和计算量比较大的问题，可行性不高。梯度追踪算法利用：

$$x_{\Gamma^n}^n = x_{\Gamma^n}^{n-1} + a^n d_{\Gamma^n}^n \tag{4-23}$$

来更新估计 $x_{\Gamma^n}^n$，其中 $d_{\Gamma^n}^n$ 是更新方向，a^n 是步长，a^n 的计算如下：

$$a^n = \frac{< r^n, \boldsymbol{\Phi}_{\Gamma^n} d_{\Gamma^n}^n >}{\| \boldsymbol{\Phi}_{\Gamma^n} d_{\Gamma^n}^n \|_2^2} \tag{4-24}$$

选择不同的 $d_{\Gamma^n}^n$ 就可以得到相应的梯度追踪算法。

总结梯度追踪算法框架如下。

步骤 1：初始化 $\boldsymbol{r}^0 = \boldsymbol{y}$，$\boldsymbol{x}^0 = 0$，$\Gamma^0 = \varnothing$。

步骤 2：从 $n = 1$ 迭代至 $n = n + 1$，直到满足终止准则：

（1）$g^n = < r^{n-1}, \boldsymbol{\Phi} >$；

（2）$i^n = \arg\max | g_i^n |$；

（3）$\Gamma^n = \Gamma^{n-1} \cup i^n$；

（4）计算更新方向 $d_{\Gamma^n}^n$；

（5）$a^n = \dfrac{< r^n, \boldsymbol{\Phi}_{\Gamma^n} d_{\Gamma^n}^n >}{\| \boldsymbol{\Phi}_{\Gamma^n} d_{\Gamma^n}^n \|_2^2}$；

（6）$\boldsymbol{x}_{\Gamma^n}^n = \boldsymbol{x}_{\Gamma^n}^{n-1} + a_n d_{\Gamma^n}^n$；

（7）$\boldsymbol{r}^n = \boldsymbol{r}^{n-1} - a^n \boldsymbol{\Phi}_{\Gamma^n} d_{\Gamma^n}^n$。

步骤 3：输出 $\boldsymbol{r}^n$，$\boldsymbol{x}_{\Gamma^n}^n$。

算法终止准则为：$\| \boldsymbol{r}^n - \boldsymbol{r}^{n-1} \| \leqslant 10^{-6}$。

4.6.2.5　不同重构算法的对比

根据已有研究和实验结果，可以得出以下结论：

（1）当采样次数较小时，在以上三种重构算法中，匹配追踪算法和梯度追踪算法的重构效果相对来说差点，而正交匹配追踪算法的重构效果要好些。

（2）当采样次数慢慢变大时，原先重构效果不太好的梯度追踪算法和匹配追踪算法开始有改善，逐渐优于正交匹配追踪算法。

不同算法的性能优劣比较如图 4-11 所示依次递减。

在以上几种重构算法中，重构算法是一方面，实现难易程度即计算复杂度也是对性能评判的一个标准，综合计算难度如图 4-11 所示依次递减。

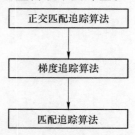

图 4-11　不同重构算法的
性能优劣示意图

参 考 文 献

[1] 焦李成，杨淑媛，刘芳，等. 压缩感知回顾与展望 [J]. 电子学报，2011（7）：1651～1662.

[2] 刘叙含，申晓红，姚海洋，等. 基于帐篷混沌观测矩阵的图像压缩感知 [J]. 传感器与微系统，2014（9）：26～28＋31.

[3] 闫鹏. 图像的压缩感知重构算法研究 [D]. 哈尔滨：东北林业大学，2013.

[4] 王彪. 压缩传感中的观测矩阵研究 [D]. 天津：天津理工大学，2012.

[5] 王泉，张纳温，张金成，等. 压缩感知在无线传感器网络数据采集中的应用 [J]. 传感技术学报，2014，11：1562～1567.

[6] 陈涛，李正炜，王建立，等. 应用压缩传感理论的单像素相机成像系统 [J]. 光学精密工程，2012，11：2523～2530.

[7] 杨良龙. 压缩感知中信号重建算法和确定性测量矩阵研究 [D]. 南京：南京邮电大学，2013.

[8] 杨真真，杨震. 语音压缩感知硬阈值梯度追踪重构算法 [J]. 信号处理，2014（4）：390～398.

[9] 胡军. 基于压缩传感稀疏重构方法的研究 [D]. 长沙：湖南大学，2012.

[10] 何雪云，宋荣方，周克琴. 基于压缩感知的 OFDM 系统稀疏信道估计新方法研究 [J]. 南京邮电大学学报（自然科学版），2010（2）：60～65.

[11] 姚成勇，林云. 一种改进的自适应压缩采样匹配追踪算法 [J]. 现代电信科技，2015（1）：18～22＋29.

[12] Candès E. Compressive sampling [C]//Proceedings of the International Congress of Mathematicians. Madrid, Spain, 2006, 3：1433～1452.

附 件

程序 1

```
function[theta] = CS_StOMP(y,A,S,ts)
%   y = Phi * x
%   x = Psi * theta
%   y = Phi * Psi * theta
%   令 A = Phi * Psi, 则 y = A * theta
%   S is the maximum number of StOMP iterations to perform
%   ts is the threshold parameter
%   现在已知 y 和 A, 求 theta
    if nargin < 4
        ts = 2.5;% ts 范围[2,3],默认值为 2.5
    end
    if nargin < 3
        S = 10;% S 默认值为 10
    end
    [y_rows,y_columns] = size(y);
    if y_rows < y_columns
        y = y';% y should be a column vector
    end
    [M,N] = size(A);% 传感矩阵 A 为 M * N 矩阵
    theta = zeros(N,1);% 用来存储恢复的 theta(列向量)
    Pos_theta = [];% 用来迭代过程中存储 A 被选择的列序号
    r_n = y;% 初始化残差(residual)为 y
    for ss = 1:S% 最多迭代 S 次
        product = A' * r_n;% 传感矩阵 A 各列与残差的内积
        sigma = norm(r_n)/sqrt(M);% 参见参考文献第 3 页 Remarks(3)
        Js = find(abs(product) > ts * sigma);% 选出大于阈值的列
        Is = union(Pos_theta,Js);% Pos_theta 与 Js 并集
        if length(Pos_theta) == length(Is)
            if ss == 1
                theta_ls = 0;% 防止第 1 次就跳出导致 theta_ls 无定义
            end
```

```
        break;% 如果没有新的列被选中则跳出循环
    end
    % At 的行数要大于列数,此为最小二乘的基础(列线性无关)
    if length( Is) < = M
        Pos_theta = Is;% 更新列序号集合
        At = A( : ,Pos_theta) ;% 将 A 的这几列组成矩阵 At
    else% At 的列数大于行数,列必为线性相关的,At' * At 将不可逆
        if ss = = 1
            theta_ls = 0;% 防止第 1 次就跳出导致 theta_ls 无定义
        end
        break;% 跳出 for 循环
    end
    % y = At * theta,以下求 theta 的最小二乘解(Least Square)
    theta_ls = ( At' * At)^( - 1) * At' * y;% 最小二乘解
    % At * theta_ls 是 y 在 At 列空间上的正交投影
    r_n = y - At * theta_ls;% 更新残差
    if norm( r_n) < 1e - 6% Repeat the steps until r = 0
        break;% 跳出 for 循环
    end
    end
    theta( Pos_theta) = theta_ls;% 恢复出的 theta
end
```

程序 2

```
clear all;close all;clc;
M = 64;% 观测值个数
N = 256;% 信号 x 的长度
K = 12;% 信号 x 的稀疏度
Index_K = randperm( N) ;
x = zeros( N,1) ;
x( Index_K( 1:K) ) = 5 * randn( K,1) ;% x 为 K 稀疏的,且位置是随机的
Psi = eye( N) ;% x 本身是稀疏的,定义稀疏矩阵为单位阵 x = Psi * theta
Phi = randn( M,N) /sqrt( M) ;% 测量矩阵为高斯矩阵
A = Phi * Psi;% 传感矩阵
y = Phi * x;% 得到观测向量 y
```

```
%% 恢复重构信号 x
tic
theta = CS_StOMP(y,A);
x_r = Psi * theta;%  x = Psi * theta
toc
%% 绘图
figure;
plot(x_r,'k. -');% 绘出 x 的恢复信号
hold on;
plot(x,'r');% 绘出原信号 x
hold off;
legend('Recovery','Original')
fprintf('\n 恢复残差:');
norm(x_r - x)% 恢复残差
```

程序 3

```
clear all;close all;clc;
%% 参数配置初始化
CNT = 1000;% 对于每组(K,M,N),重复迭代次数
N = 256;% 信号 x 的长度
Psi = eye(N);% x 本身是稀疏的,定义稀疏矩阵为单位阵 x = Psi * theta
ts_set = 2:0.2:3;
K_set = [4,12,20,28,36];% 信号 x 的稀疏度集合
Percentage = zeros(N,length(K_set),length(ts_set));% 存储恢复成功概率
%% 主循环,遍历每组(ts,K,M,N)
tic
for tt = 1:length(ts_set)
    ts = ts_set(tt);
    for kk = 1:length(K_set)
        K = K_set(kk);% 本次稀疏度
        % M 没必要全部遍历,每隔 5 测试一个就可以了
        M_set = 2 * K:5:N;
        PercentageK = zeros(1,length(M_set));% 存储此稀疏度 K 下不同 M 的恢
                                                    复成功概率
        for mm = 1:length(M_set)
```

```
        M = M_set(mm);% 本次观测值个数
        fprintf('ts = % f,K = % d,M = % d\n',ts,K,M);
        P = 0;
        for cnt = 1:CNT % 每个观测值个数均运行 CNT 次
            Index_K = randperm(N);
            x = zeros(N,1);
            x(Index_K(1:K)) = 5 * randn(K,1);% x 为 K 稀疏的,且位置
                                是随机的
            Phi = randn(M,N)/sqrt(M);% 测量矩阵为高斯矩阵
            A = Phi * Psi;% 传感矩阵
            y = Phi * x;% 得到观测向量 y
            theta = CS_StOMP(y,A,10,ts);% 恢复重构信号 theta
            x_r = Psi * theta;% x = Psi * theta
            if norm(x_r - x) < 1e - 6% 如果残差小于 1e - 6 则认为恢复成功
                P = P + 1;
            end
        end
        PercentageK(mm) = P/CNT * 100;% 计算恢复概率
    end
    Percentage(1:length(M_set),kk,tt) = PercentageK;
    end
end
toc
save StOMPMtoPercentage1000 % 把变量全部存储下来
%% 绘图
for tt = 1:length(ts_set)
    S = [' - ks';' - ko';' - kd';' - kv';' - k *'];
    figure;
    for kk = 1:length(K_set)
        K = K_set(kk);
        M_set = 2 * K:5:N;
        L_Mset = length(M_set);
        plot(M_set,Percentage(1:L_Mset,kk,tt),S(kk,:));% 绘出 x 的恢复信号
        hold on;
    end
```

```matlab
        hold off;
        xlim([0 256]);
        legend('K = 4','K = 12','K = 20','K = 28','K = 36');
        xlabel('Number of measurements(M)');
        ylabel('Percentage recovered');
        title(['Percentage of input signals recovered correctly(N = 256,ts =',…
            num2str(ts_set(tt)),')(Gaussian)']);
end
for kk = 1:length(K_set)
    K = K_set(kk);
    M_set = 2 * K:5:N;
    L_Mset = length(M_set);
    S = ['-ks';'-ko';'-kd';'-kv';'-k *';'-k +'];
    figure;
    for tt = 1:length(ts_set)
        plot(M_set,Percentage(1:L_Mset,kk,tt),S(tt,:));%绘出 x 的恢复信号
        hold on;
    end
    hold off;
    xlim([0 256]);
    legend('ts = 2.0','ts = 2.2','ts = 2.4','ts = 2.6','ts = 2.8','ts = 3.0');
    xlabel('Number of measurements(M)');
    ylabel('Percentage recovered');
    title(['Percentage of input signals recovered correctly(N = 256,K =',…
        num2str(K),')(Gaussian)']);
end
```

5 基追踪算法

5.1 基追踪算法的研究现状

在前文已经介绍了压缩感知理论打破了 Shannon 采样和 Nyquist 采样的规则，从而实现了使用较低的采样频率进行数据采样。以图像重建为例，可先利用小波变换将数据稀疏，再利用其他理论来生成测量矩阵，并用改进的基追踪算法来实现重建，实验结果表明用这种方法得到的重建图像有较好的效果[1]。CS 理论的主流求解方法主要有两大类——贪婪算法[2]、凸优化算法[3]，本书中基追踪和梯度投影法属于凸优化类，这两种算法都主要使用线性规划的方法进行求解。因为在实际的应用当中基追踪算法比较复杂，所以在图像融合等领域主要使用的还是贪婪算法。实际上，凸优化算法相比于贪婪算法来说更加稀疏，它所重构的图像也更加精确，实用价值更加高。在这些基础之上，基追踪算法具有独特的优点，有较好的研究前景。

5.2 基追踪算法的基础知识

5.2.1 预备知识

在了解基追踪算法之前，需要先了解一些预备知识以更好地去掌握什么是基追踪、基追踪算法的应用场合及基追踪的优点与缺点。

首先要了解什么是稀疏矩阵。稀疏矩阵：在矩阵中，如果数值为零的元素数目远远多于非零元素的数目，就称这个矩阵为稀疏矩阵。

然后需要了解什么是稀疏表示。在过去的 20 年中，稀疏表示一直都是信号处理界的一个非常引人关注的研究领域，众多的研究论文和专题讨论会表明了该领域的蓬勃发展。而信号稀疏表示的目的就是在给定的过完备字典中用尽可能少的原子来表示信号[4]，从而获得信号更为方便与简洁的表示方式，使得人们可以更加容易地获取信号中所蕴含的信息，更方便进一步对信号进行加工处理，如压缩、编码等。

稀疏表示的模型如式（5-1）所示（见图 5-1）：

$$y = Dx \quad \text{s. t. } \min\|x\|_0 \qquad (5\text{-}1)$$

式中　　y——待处理信号，$y \in \mathbf{R}^n$；

　　　　D——字典，$D \in \mathbf{R}^{n \times m}(n \times m)$；

　　x——稀疏系数，$x \in R^m$；

　　$\|x\|_0$——稀疏度，$\|x\|_0 \leqslant m$，它表示 x 中非 0 稀疏的个数。

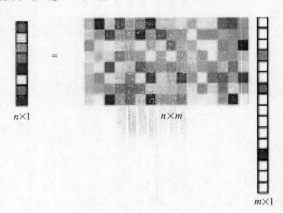

图 5-1　式（5-1）模型

　　原子，即 $\boldsymbol{\phi}_r$ 为字典的列向量：

$$D = \{\boldsymbol{\phi}_r \in R^N / r \in \varGamma, \|\boldsymbol{\phi}_r\| = 1\} \tag{5-2}$$

　　完备字典与过完备字典：如果字典 D 中的原子恰能够张成 n 维的欧式空间，则字典 D 是完备的。如果 $m \geqslant n$，字典 D 是冗余的，同时保证还张成 n 维的欧式空间，则字典 D 是过完备的[5]。

5.2.2　基追踪的使用

　　文献［6］中提到基追踪算法是凸优化算法中的一种，它是信号稀疏表示领域的一种新方法。目前，基追踪方法在一维信号处理领域有着很好的应用。其中，以 David L. Donoho[7] 为代表的教授与学者们利用基追踪算法在一维实信号去噪和超分辨方面取得了许多非常好的应用效果。但是，基追踪算法也有缺点。基追踪方法虽然在处理一维信号方面的能力比较强大，即使使用了内点算法（一种新的线性规划算法），但由于基追踪算法的特性使得它的计算量仍然是非常大，所以到目前为止，基追踪算法依旧有较大的局限性。

　　凸优化算法的核心思想就是使用凸的或者是更容易处理的稀疏度量函数来代替非凸的 L_0 范数，通过转换成凸规划或非线性规划问题来逼近原先的组合优化问题，变换后的模型可采用诸多现有的高效算法进行求解，可降低问题的复杂度[8]。

5.2.3　基追踪算法的运算

　　基追踪算法（BP）的基础是用 L_1 范数替代 L_0 范数即将

$$\text{s. t. } \boldsymbol{y} = \boldsymbol{D}\boldsymbol{x}$$

转化为

$$\text{s. t. } \varepsilon$$

Elad 和 Bruckstein 在 2004 年对下述定理进行了证明：

定理 1：如果信号 s 在原子库中存在一个系数表示，而且满足式（5-3）：

$$\|C\|_0 < \frac{\sqrt{2} - 0.5}{\mu} \tag{5-3}$$

则此分解的 L_1 范数最小化问题有唯一的解，即为 L_0 范数最小化的解。

将 L_1 范数替换 L_0 范数之后，稀疏表示模型为：

$$\text{s. t. } \boldsymbol{y} = \boldsymbol{A}\boldsymbol{x}$$

就变成了一个常见的线性规划问题，可以用单纯性算法或者是内点法来求解。

凸优化算法的有效性依赖于过完备字典自身是否存在快速的变换与重建算法。例如，对于正交基字典算法具有较高的效率，然而对于一般的过完备字典，凸优化算法仍然具有非常搞得运算复杂度。

基追踪算法的优点与缺点见表 5-1。

表 5-1　基追踪算法的优缺点

基追踪优点	基追踪算法可以用最少的基最精确地表示原信号，从而获得信号的本质特性，它在一维信号处理领域有着很好的应用
基追踪缺点	主要的缺点就是计算太过复杂，导致计算的时间较长

5.2.4　改进的基追踪算法

压缩感知重构算法实质上就是一个 L_1 集凸优化问题，即：

$$\min \|\boldsymbol{x}\|_1 \quad \text{s. t. } \boldsymbol{y} = \boldsymbol{\Phi}\boldsymbol{x} \tag{5-4}$$

在这里可以用改进过的算法对式（5-4）求解，然后经过稀疏化的逆向运算求解出原信号。

这一过程其实就是修改式（5-4）让它变成求解式（5-5）的优化问题：

$$\min \|\boldsymbol{x}\|_1, \quad \text{s. t. } \|\boldsymbol{\Phi}\boldsymbol{x} - \boldsymbol{y}\| \leq \sigma \tag{5-5}$$

$$\min \lambda \|\boldsymbol{x}\|_1 + \frac{1}{2} \|\boldsymbol{y} - \boldsymbol{\Phi}\boldsymbol{x}\|_1 \tag{5-6}$$

由于测量矩阵 $\boldsymbol{\Phi}$ 的设计与受限等距映射的特性相符合（RIP），那么重构的信号 $\boldsymbol{x}$ 的误差可以忽略。

$$\|\hat{\boldsymbol{x}} - \boldsymbol{x}\|_1 \leq c_1 R k^{1 - \frac{1}{p}} \tag{5-7}$$

式中　R——范数变化的半径，是正常数；

　　　p——控制着收敛速度，p 越小收敛速度越快，p 越大收敛速度越慢。

而已研究的内容中有其 $k \leqslant cM/\log(N/M)$，从而得到：

$$\|\hat{x} - x\|_1 \leqslant cR[M/\log(N/M)]^{-r} \tag{5-8}$$

式中，$r = 1/p - 1$，所以可以知道在 1 - 范数的情形下，这些误差是可以在一定范围内控制住的。

为了求出式（5-6）的解，令 $x = a - b$，$a \geqslant 0$，$b \geqslant 0$，在式子中 $a_i = (x_i)_+$，$b_i = (-x_i)_+$，$i = 1, \cdots, n$，其中 n 是向量 l 的维数，在这里（●）$_+$ 是对 x 的实部进行运算，令 $l = [1, 1, \cdots, 1]$，l 的维数是 n，$u = \begin{bmatrix} a \\ b \end{bmatrix}$，那么 x 的 1 - 范数就可以写成 $\|x\|_1 = l^T u$。其中 u 的维数是 n。

同理，令 $y - Ax = e - f$，其中 $e \geqslant 0$，$f \geqslant 0$，而且 $e_i = ((y - \Phi x)_i)_+$，$f_i = (-(y - \Phi x)_i)_+$ $i = 1, 2, \cdots, m$，m 是向量的维数，令 $l = [1, 1, \cdots, 1]$，l 的维数是 m，$u = \begin{bmatrix} e \\ f \end{bmatrix}$，那么 $y - \Phi x$ 的 1 - 范数就可以写成 $\|y - \Phi x\|_1 = l^T v$。其中 v 的维数是 n。

由这些可以得到：

$$y - \Phi x = e - f \tag{5-9}$$

$$e - f + \Phi(a - b) = y \tag{5-10}$$

$$(I, -I, \Phi, -\Phi)(e, f, a, b)^T = y \tag{5-11}$$

式中，I 是单位阵，λ（式（5-6））为正则化参数，从而进一步定义 $X = \begin{bmatrix} v \\ u \end{bmatrix}$，$D = (I, -I, \Phi, -\Phi)$，$c = \begin{bmatrix} l \\ \lambda \end{bmatrix}$，在这里取经验值 $\lambda = \sigma\sqrt{2\log\Gamma}$，$\Gamma$ 为字典势，则改进的基追踪算法与线性问题等价：

$$\min c^T X, \quad \text{s. t. } DX = y, X \geqslant 0 \tag{5-12}$$

式中　$DX = y$——约束条件；

　　　c^T——目标函数；

　　　$X \geqslant 0$——边界条件。

5.3　匹配追踪算法的基础知识

与基追踪算法不同，匹配追踪算法属于贪婪算法中的一种。该算法最早由 Mallat 和 Zhang Zhifeng 于 1993 年发表在 IEEE 上："Matching Pursuits with Time-Frequency Dictionaries"。可以看到最早的研究就是基于时频变换方面的。在油气地球物理上正好有这种时频变化的需求，于是就有国内外的学者将该算法引入地震信号的分解，形成分频技术。

5.3.1 信号的稀疏表示

给定一个过完备字典矩阵 $\boldsymbol{D} \in R^{n \times k}$，其中它的每列表示一种原型信号的原子。给定一个信号 $\boldsymbol{y}$，它可以被表示成这些原子的稀疏线性组合。信号 $\boldsymbol{y}$ 可以被表达为 $\boldsymbol{y} = \boldsymbol{Dx}$，或者 $\boldsymbol{yDx}$，satisfying $\|\boldsymbol{y} - \boldsymbol{Dx}\|_p \leqslant \varepsilon$。字典矩阵中所谓的过完备性，指的是原子个数远远大于信号 $\boldsymbol{y}$ 的长度（其长度很显然是 n）即 $n \ll k^{[9]}$。

5.3.2 匹配追踪算法的运算

匹配追踪算法作为对信号进行稀疏分解的方法之一，与基追踪算法类似，它将信号在完备字典库上进行分解。在近年来的研究中，匹配追踪算法其实是一种从一个极度冗余的词典中选择出某些基向量来叠加出一个特定的信号的算法[10]。到目前为止，这种算法已经成功地运用于多个领域之中，如音频、视频和图像等方面。由于匹配追踪实际上是贪婪算法的一类，所以它的缺点包含了贪婪算法的缺点，有无法分辨出信号中存在的双峰结构等一系列问题。

MP 进行信号分解的步骤：

（1）计算信号 $\boldsymbol{y}$ 与字典矩阵中每列（原子）的内积[11]，选择绝对值最大的一个原子，它就是与信号 $\boldsymbol{y}$ 在本次迭代运算中最匹配的。用专业术语来描述：令信号 $\boldsymbol{y} \in H$，从字典矩阵中选择一个最为匹配的原子，满足：

$$|<\boldsymbol{y}, x_{r_0}>| = \sup_{i \in (1, \cdots, h)} |<\boldsymbol{y}, x_i>| \qquad (5\text{-}13)$$

式中 r_0——一个字典矩阵的列索引。

这样，信号 $\boldsymbol{y}$ 就被分解为最匹配原子 x_{r_0} 的垂直投影分量和残值[12]：

$$\boldsymbol{y} = <\boldsymbol{y}, x_{r_0}> x_{r_0} + R_1 f \qquad (5\text{-}14)$$

（2）对残值 $R_1 f$ 进行步骤（1）同样的分解，那么第 K 步可以得到：

$$R_k f = <R_k f, x_{r_{k+1}}> x_{r_{k+1}} + R_{k+1} f \qquad (5\text{-}15)$$

其中，$x_{r_{k+1}}$ 满足：

$$|<R_k f, x_{r_{k+1}}>| = \sup_{i(1,2,\cdots,k)} |<R_k f, x_i>| \qquad (5\text{-}16)$$

可见，经过 K 步分解后，信号 $\boldsymbol{y}$ 被分解：

$$\boldsymbol{y} = \sum_{n=0}^{k} <R_n f, x_{r_n}> R_n f + R_{k+1} f \qquad (5\text{-}17)$$

其中，$R_0 f = \boldsymbol{y}$。

匹配追踪算法的优点为：匹配追踪算法的最大优点就是运算速度快，并且它的运行和采样的效率比较适中，运用比较广泛。

缺点为：在计算多次的条件下依然得不到最优解，而是只能得到比较近似的次优解。

5.4　Bregman 迭代算法的基础知识

和基追踪算法一样，Bregman 迭代算法也是凸优化算法的一种。近年来，由于压缩感知的引入，L_1 正则化优化[13]问题引起人们广泛的关注。压缩感知允许通过少量的数据重建图像信号。L_1 正则化问题是凸优化中的经典课题，用传统的方法难以求解。

5.4.1　Bregman 距离

假定 J：$X{\rightarrow}R$ 是一个凸函数并且 $u \in X$，一个元素 $p \in X^*$ 被称为一个 J 在 u 上的梯度，如果 $\forall v \in X$，有：

$$J(v) - J(u) - <p, v-u> \geqslant 0 \tag{5-18}$$

J 在 u 上的所有次梯度集被称为 J 在 u 上的梯度，它被表示为 $\partial J(u)$。

注意这个定义，它是对泛函 J 在 u 点的 subgradient[14]的定义，p 点是其对偶空间的中的某一点。

假定 J：$X{\rightarrow}R$ 是一个凸函数，u，$v \in X$ 并且 $p \in \partial J(u)$，在 u 和 v 之间的 Bregman 距离为

$$D_J^p(u,v) = J(u) - J(v) - J<p, u-v> \tag{5-19}$$

Bregman 距离有几个不错的性能，是其解决 L_1 规范化问题的一种有效工具。

对于凸函数两个点 u，v 之间的 Bregman 距离等于其函数值之差，再减去其次梯度点 p 与自变量之差的内积。要注意的是这个距离不满足对称性，这和一般的泛函分析中距离定义是不一样的。

5.4.2　Bregman 迭代算法的运算

Bregman 迭代算法可以高效求解下面的泛函的最小值：

$$\min_u \{J(u) + H(u,f)\} \tag{5-20}$$

在一个封闭的凸集 X 和 J 中：$X{\rightarrow}R$ 和 H：$X{\rightarrow}R$ 凸非负函数相对于 $u \in X$，另外一个固定的 $H(u,f)$ 被认为是可微的。其中 f 是向量或者是矩阵，取决于不同的问题，这里 u 被编码了。

式（5-20）中的第一项 J 定义为从 X 到 R 的泛函，其定义域 X 是凸集也是闭集。第二项 H 定义为从 X 到 R 的非负可微泛函，f 是已知量，并且通常是一个观测图像的数据，所以 f 是矩阵或者向量。

Bregman 迭代算法首先是初始化相关的参数为零，再迭代式（5-19），其左边一项是泛函 J 的 Bregman 距离。再来看 p 点的迭代公式，其最右边一项是泛函 H 的梯度。

其迭代一次产生的输出如式（5-21）所示，经过多次的迭代，就能够收敛到

真实的最优解。

$$u^1 = \min_{v \in X}(J(u) + H(u)) \tag{5-21}$$

Bregman 算法的优点为：Bregman 算法可以在有限的步骤之中产生精确解。同时经验证在大多数的情况下，在 2～6 次迭代后可以得到满意的数值解。

缺点为：运算比较复杂。

5.5 几种算法的对比

本章主要介绍了基追踪算法、匹配追踪算法以及 Bregman 迭代算法，它们的优缺点比较见表 5-2[19]。

表 5-2 三种算法的比较

算法名称	优 点	缺 点
基追踪算法	需要测量的数据少，且结果的精度高	计算过程太过复杂，不适用于大多场合
匹配追踪算法	重建算法的运行速度比较快	需要测量的数据多，而且精度低
Bregman 算法	可以在有限的步骤之中产生精确解	运算比较复杂

5.6 基追踪算法仿真

5.6.1 用于压缩感知的基追踪算法程序

5.6.1.1 流程框图的设计

在编写用于压缩感知的基追踪算法程序之前，为了更好地编写出这个程序，可以先画出这个算法的程序流程图，如图 5-2 所示。

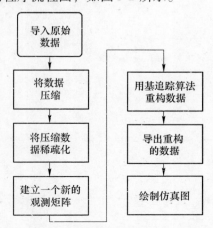

图 5-2 压缩感知基追踪算法程序流程图

首先，将压缩后的数据稀疏化，再按照流程图的步骤进行编程。

5.6.1.2　算法的程序编辑

```
clear
rand('state',sum(100 * clock));

% --------------------
% Signal parameters
% --------------------
% Signal and noise parameters
n = 200; % Signal length
k = 20;    % Sparsity
SNR = 100;    % input snr
sigma_1 = sqrt(SNR);
sigma_0 = 1; % small signal coefficients
sigma_Z = 1; % noise in the measurements y (noisy measurements)

% --------------------
% CS-LDPC matrix
% --------------------
l = 20; % constant row weight
r = 10; % constant column weight

% --------------------
% CS-BP parameters
% --------------------
gamma_mdbpf = 0.35; % Damping for Belief Prop
gamma_mdbpb = 0.35;
gamma_pdbp = 0.0;
iter = 10; % Number of iterations in Belief Prop
p = 243; % Number of sampling points (FFT runs decently for this value)

% --------------------
% Generate signal
% --------------------
t1 = cputime;
```

```
disp ('GENERATING THE SIGNAL X…') ;
[x, heavyind] = generatex_noisy( n, k, sigma_1, sigma_0) ;
x = (x/norm(x)) * sqrt(k) ;
x = sigma_1 * x ;
disp( sprintf('l2 norm of x: %g', norm(x))) ;


% ——————————————————
% Generate measurement matrix
% ——————————————————
[phi] = gen_phi( n, l, r) ;
phisign = randn( size( phi)) ; phisign = sign( phisign) ;


% ——————————————————
% Run driver, which decodes the signal
% ——————————————————
mrecon = driver_function( n,k,l,phi,phisign,x,SNR,sigma_1,sigma_0,sigma_Z,…
    iter,p,gamma_mdbpf,gamma_mdbpb,gamma_pdbp) ;
fprintf(' error = %6. 2f, time = %8. 2f\n',norm( mrecon-x),cputime-t1) ;


plot(1:n,x,'-b',1:n,mrecon,'o') ;
xlabel(' coefficient index ') ;
ylabel(' coefficient value ') ;
legend(' x ',' mrecon ') ;
```

5.6.2 正交匹配追踪算法程序

匹配追踪的流程框图与基追踪的差别不大，在这里就不一一介绍了。将匹配追踪的算法程序编写出来，以便读者可以亲自验证和学习，为了方便读者们的查看，也为了省略一些不必要的步骤与麻烦，所以将匹配追踪算法的程序放入本章附件中，可以在本章末尾查看。

5.6.3 基追踪与压缩感知的仿真

不论是压缩感知技术还是基追踪以及匹配追踪算法，甚至是大数据技术以及无线传感网络等知识，其实都是为了进行仿真与数据处理的铺垫，需要的是对仿真的图形比对以及数据的处理和分析。本节主要进行基追踪算法的仿真与应用，同时给出匹配追踪的仿真图形并将两者进行一系列对比，从而让读者可以更好地了解压缩感知技术在使用不同的重构算法是所得到的结果有哪些差异。

　　图 5-3 是使用软件 MATLAB 得出的一幅仿真图片。从图中可以看到，它的主体是一个 $x-y$ 坐标轴和一些大量的折线和圆圈。折线表示在采集数据之前的原始数据，也称为原始信号；圆圈表示了压缩感知运行之后的数据，称为重构信号，顾名思义，就是经过压缩、稀疏、还原的一系列程序之后重新得到的数据，也是需要的结果。仔细观察折线和圆圈的关系可以发现，大多数原始信号（x）和重构信号重合在一起，只有很少的一些不完全重合，但是它们依然比较接近。为了防止数据的偶然性和误差，在此又加了一组仿真数据，仿真的另一组数据如图 5-4 所示。通过

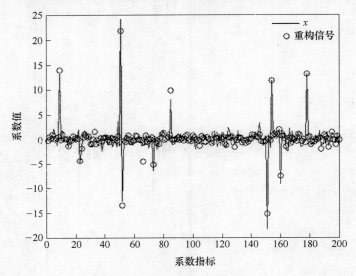

图 5-3　原始信号和恢复信号比对

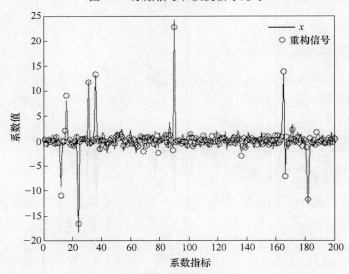

图 5-4　原始信号和恢复信号比对

两组仿真数据可以得到结论，经过基追踪压缩感知处理之后所得到的重构数据和初始所得数据基本吻合，基于基追踪算法的压缩感知技术在实际应用上是可行的。

图 5-5 所示为重构数据图。这个数据是由基追踪算法的程序经过 MATLAB 的处理之后得到的，是一幅结果图。从图中可以看到重构数据还有重构数据和原始数据的偏差值以及运行所花的时间，同时可以看出采集不同的原始数据得到的重构数据是不一样的。

```
GENERATING THE SIGNAL X...
12 norm of x: 44.7214
   attempt: 1
GENERATING THE MEASUREMENTS...
Number of measurements=100
STARTING THE DECODER...
[   19.12  -17.40   12.11   12.64  -14.16   -0.45   -2.12    0.29   -0.14    0.50] (  56.80) (  20.18)
[   20.60  -17.92   11.85   13.85  -12.44   -0.31   -0.46    0.14   -0.02    0.15] (  37.71) (  16.57)
[   21.23  -17.40   12.07   14.31  -11.92   -0.28   -0.19    0.09    0.04    0.10] (  29.90) (  14.83)
[   21.64  -17.08   12.52   14.59  -11.86   -0.23   -0.14    0.09    0.05    0.08] (  25.87) (  14.03)
[   22.05  -16.96   13.04   14.73  -11.89   -0.13   -0.20    0.10    0.05    0.05] (  21.98) (  13.57)
[   22.40  -16.89   13.36   14.65  -11.85   -0.00   -0.30    0.11    0.04    0.02] (  18.30) (  13.19)
[   22.63  -16.81   13.47   14.40  -11.77    0.10   -0.40    0.11    0.05   -0.03] (  15.35) (  12.88)
[   22.73  -16.71   13.41   14.09  -11.71    0.15   -0.48    0.09    0.09   -0.08] (  12.95) (  12.65)
[   22.76  -16.63   13.25   13.80  -11.73    0.16   -0.56    0.07    0.14   -0.15] (  10.69) (  12.47)
error= 12.47, time=   18.48
```

图 5-5　基追踪的重构数据与结果

5.6.4　匹配追踪与压缩感知的仿真

图 5-6 所示为使用 MATLAB 将匹配追踪的算法输入得到的结果和仿真图。

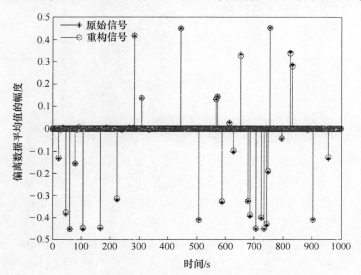

图 5-6　原始信号和恢复信号比对图

　　图 5-6 中星形信号代表的是压缩感知之前所要采集的数据，它称为原始信号，圆圈代表的是经过压缩感知技术之后稀疏、分解并且还原过后的数据，称为重构信号，也叫恢复信号。从图中可以看出原始数据信号经过压缩感知一系列操作之后，还原的重构信号中大部分重构信号和原始信号几乎相同，只有少量的重构信号和原始信号有微小的偏差，但两者之间相差的并不多。以上分析可以了解压缩感知的作用和功，更形象地阐述了压缩感知技术的概念。

　　在上面的仿真程序当中有着众多的变量，从图 5-7 中可以看出上述程序的所有变量，并且还可以看出这些变量的精度和它们的最大值（Max）和最小值（Min）。

Name ▲	Value	Min	Max
A	<200x2000 double>	-0.32...	0.3234
K	30	30	30
M	200	200	200
N	1000	1000	1000
Phi	<200x1000 double>	-0.29...	0.3234
SNR	40	40	40
b	<200x1 double>	-0.29...	0.2659
c	<1x2000 double>	1	1
i	1000	1000	1000
noisev	<200x1 double>	-0.00...	0.0033
p	<1x1000 double>	1	1000
rec_x0	<1000x1 double>	-0.47...	0.4942
sgmav	0.0011	0.0011	0.0011
u	<1000x1 double>	0	0.4970
v	<1000x1 double>	0	0.4749
x0	<1000x1 double>	-0.47...	0.4970
x1	<2000x1 double>	2.799...	0.4942
y	<200x1 double>	-0.29...	0.2659
ye2	0.0111	0.0111	0.0111

图 5-7　仿真程序的变量

5.6.5　基追踪和匹配追踪的对比

　　基追踪和匹配追踪的仿真图看起来差别不大。基追踪算法和匹配追踪算法都可以使压缩感知正常运行，但是两者之间还是有区别的。应用基追踪算法的压缩感知仿真图，也就是图 5-3 和图 5-4 中的原始数据波动性明显比图 5-6（匹配追踪仿真图）要强，图 5-3 和图 5-4 上的折线比较曲折，而图 5-6 上更光滑一些。这说明基追踪相比较匹配追踪的优点就在于基追踪算法对于数据的采集更加精确，所以它重构出来的数据也比较准确。但是基追踪的算法太过复杂，所以，通常情况下匹配追踪更受人们青睐。

5.6.6 基追踪在压缩感知上的实际应用

压缩感知的一些实际应用中最为普及的就属 CS 单相素相机了，还有就是图像融合与处理以及 CS 雷达等。大多数人并不了解这些应用在使用重构算法的时候到底用的是基追踪算法、匹配追踪算法还是其他的算法。这些图像只是在编写算法时使用随机数所获取的仿真图像，可靠性还比较欠缺，所以需要用实际的数据来进行仿真与分析。实际采样数据见表 5-3。

表 5-3　采集的初始数据（200 个）

44.11	27.92	45.89	29.15	44.56	27.97	29.01	25.58	29.11	27.74
25.77	26.10	26.19	47.64	23.00	42.28	26.42	42.09	29.57	26.32
25.26	22.61	21.93	22.88	44.87	25.95	31.57	24.23	30.38	23.59
22.92	26.29	21.73	21.75	19.59	35.54	23.96	25.45	28.39	41.83
23.56	43.10	19.61	27.19	21.85	23.31	22.68	23.26	39.43	21.16
44.28	21.37	24.89	26.04	25.71	26.80	25.54	37.81	26.17	46.03
23.93	46.04	24.73	22.75	24.59	23.65	25.66	25.80	45.00	20.80
41.38	29.70	23.91	20.38	21.35	28.04	22.31	44.31	22.29	41.46
22.84	38.51	18.53	40.94	20.31	23.43	24.39	21.49	24.23	19.40
40.76	18.15	38.35	20.67	41.75	20.88	17.80	23.79	20.88	19.72
27.28	21.79	26.16	22.16	21.90	44.13	24.43	47.32	24.65	40.67
23.40	26.80	21.78	24.55	24.27	27.97	26.28	28.27	24.42	26.49
42.76	25.08	40.97	26.85	44.67	16.87	44.26	26.68	46.63	25.53
28.30	27.98	28.45	37.08	21.33	41.89	16.50	27.24	27.80	24.13
45.05	23.26	42.74	25.02	23.32	16.60	16.24	19.34	21.40	43.15
23.10	26.84	27.37	22.58	24.91	24.97	42.40	26.68	35.15	21.79
24.47	24.87	24.13	42.26	22.38	42.32	21.08	15.66	17.93	37.60
19.08	15.35	20.13	17.87	37.66	22.60	38.69	20.16	21.80	23.57
19.53	21.10	19.23	36.14	17.85	20.10	23.95	19.64	19.12	19.50
34.41	23.79	36.61	17.59	19.97	16.85	20.44	31.63	16.63	28.44

表 5-3 所列为所要采集的数据中的前 200 个数，由于太少的数据并不能够体现出压缩感知技术的意义和作用，因此这里采集了 1 万多个数据来验证压缩感知的作用。图 5-8 所示是 1 万多个原始数据用 MATLAB 绘制的图。

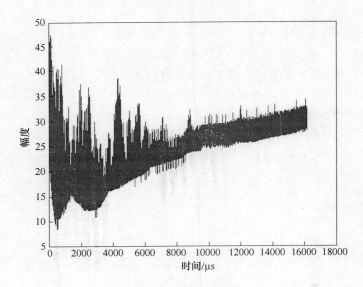

图 5-8　原始数据仿真图

　　图 5-9 所示是这 1 万个数据中前 200 个数据的对比图。从图 5-9 中可以看出来两条线的总体趋势虽然差不多，但是两者之间还是有着一定区别的。例如，重构的数据比原始数据明显更加平滑、有规律。可以看出，在数据比较庞大的时候，运用压缩感知技术来将数据进行压缩重构的理论是可行的。不仅如此，而且精确度也很高。

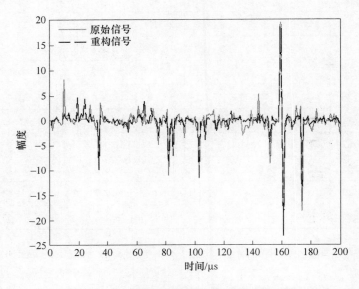

图 5-9　200 个信号的原始与重构数据仿真图

图 5-10 加大了数据的数量，将原始信号设置为 10000 个随机数。通过三幅仿真图，可以比较全面了解压缩感知的作用及意义。

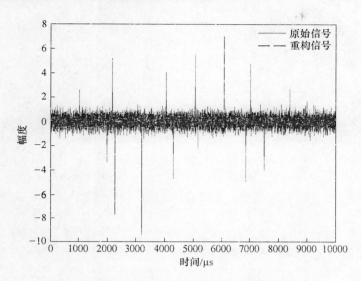

图 5-10　10000 个信号的原始与数据对比图

本章主要介绍基追踪算法的特性以及运用场合以及匹配追踪算法和 Bregman 迭代算法等其他的一系列算法，并将它们与基追踪算法进行了对照与比较。

本章中给出了用于压缩感知的基追踪算法的程序，并且用 MATLAB 软件将程序仿真出来，并与匹配追踪的仿真图形进行了详细的对比。

参 考 文 献

[1] 张格森. 压缩传感理论及若干应用技术研究［D］. 哈尔滨：哈尔滨工程大学，2012.

[2] Mallat S，Zhang Z. Matching pursuits with time frequencydictionaries［J］. IEEE Trans on Signal Process，1993，41（12）：3397～3415.

[3] Yin W T，Morgan S P，Yang J F，et al. Practicalcompressive sensing with toeplitz and circulant-matrices［C］//Proc of Visual Communications and ImageProcessing. Huangshan，2010，7744：1～10.

[4] 叶慧. 基于多形态稀疏表示的图像压缩感知重构算法研究［D］. 南京：南京航空航天大学，2013.

[5] 任海洋. 空间－谱间字典的学习及基于字典的高光谱图像的重构［D］. 保定：河北大学，2014.

[6] 宋君. 图像的压缩感知重构算法研究［D］//西安：西安电子科技大学，2013.

[7] Sun Guiling, Zhou Yuhan, Wang Zhihong, et al. Sparsity Adaptive Compressive Sampling Matc-hing Pursuit Algorithm Based Compressive Sensing ［ J ］. Journal of Computational Systems, 2012, 8 (7): 2883 ~ 2890.

[8] 李佩, 杨益新. 基于压缩感知的水声数据压缩与重构技术 ［ J ］. 声学技术, 2014 (1): 14 ~ 20.

[9] 陈靖, 王涌天. 压缩成像技术研究进展 ［ J ］. 激光与光电子学进展, 2012 (3): 15 ~ 22.

[10] 张润涵. 基于稀疏表示的典型电能质量问题检测方法研究 ［ D ］. 苏州: 苏州大学, 2015.

[11] Bi X, Chen X D, Zhang Y. Variable step size stagewise adaptive matching pursuit algorithm for image compressed sensing ［ C ］//2013 IEEE International Conference on Signal Processing, Communication and Computing (ICSPCC), 2013.

[12] Baraniuk R G, Cevher V, Duarte M F, et al. Model-based compressive sensin ［ J ］. IEEE Transactions on Information Theory, 2010, 56 (4): 1982 ~ 2001.

[13] Huang W Q, Zhao J L, Lv Z Q, et al. Sparsity and step-size adaptive regularized matching pur-suit algorithm for compressed sensing ［ C ］//2014 IEEE 7th Joint International Information Technology and ArtificialIntelligence Conference (ITAIC), 2014: 536 ~ 540.

[14] Wei D, Milenkovic O. Subspace pursuit for compressive sensing signal reconstructio ［ C ］// Proc. 2008 5th Intemational Symposium. Tokyo, 2008: 402 ~ 407.

附　件

程序 1

```
%    1-D 信号压缩传感的实现(正交匹配追踪法 Orthogonal Matching Pursuit)
%    测量数 M > = K * log(N/K),K 是稀疏度,N 信号长度,可以近乎完全重构
%    参考文献:Joel A. Tropp and Anna C. Gilbert
%    Signal Recovery From Random Measurements Via Orthogonal Matching
%    Pursuit,IEEE TRANSACTIONS ON INFORMATION THEORY,VOL. 53,NO. 12,
%    DECEMBER 2007.


clc;clear


%%   1. 时域测试信号生成
K = 7;        %   稀疏度(做 FFT 可以看出来)
N = 256;      %   信号长度
M = 64;       %   测量数(M > = K * log(N/K),至少 40,但有出错的概率)
f1 = 50;      %   信号频率 1
f2 = 100;     %   信号频率 2
f3 = 200;     %   信号频率 3
f4 = 400;     %   信号频率 4
fs = 800;     %   采样频率
ts = 1/fs;    %   采样间隔
Ts = 1:N;     %   采样序列
x = 0. 3 * cos(2 * pi * f1 * Ts * ts) + 0. 6 * cos(2 * pi * f2 * Ts * ts) + 0. 1 * cos(2 *
    pi * f3 * Ts * ts) + 0. 9 * cos(2 * pi * f4 * Ts * ts);%   完整信号,由 4 个信号叠
    加而来


%%   2. 时域信号压缩传感
Phi = randn(M,N);                         %   测量矩阵(高斯分布白噪声)64
                                          * 256 的扁矩阵,Phi 也就是文中说
                                          的 D 矩阵

s = Phi * x. ';                           %   获得线性测量,s 相当于文中的
y 矩阵
```

%% 　3. 正交匹配追踪法重构信号(本质上是 L_1 范数最优化问题)

% 匹配追踪:找到一个其标记看上去与收集到的数据相关的小波;在数据中去除这个标记的所有印迹;不断重复直到我们能用小波标记"解释"收集到的所有数据。

```matlab
m = 2 * K;                              %   算法迭代次数(m > = K),设 x
                                        %   是 K-sparse 的
Psi = fft( eye( N,N ))/sqrt( N );       %   傅里叶正变换矩阵
T = Phi * Psi ';                        %   恢复矩阵(测量矩阵 * 正交反
                                        %   变换矩阵)


hat_y = zeros(1,N);                     %   待重构的谱域(变换域)向量
Aug_t = [ ];                            %   增量矩阵(初始值为空矩阵)
r_n = s;                                %   残差值

for times = 1:m;                        %   迭代次数(有噪声的情况下,该
                                        %   迭代次数为 K)
    for col = 1:N;                      %   恢复矩阵的所有列向量
        product( col ) = abs( T( :,col )' * r_n );  %   恢复矩阵的列向量和残差的投
                                        %   影系数(内积值)
    end
    [ val,pos ] = max( product );       %   最大投影系数对应的位置,即
                                        %   找到一个其标记看上去与收集到的
                                        %   数据相关的小波

    Aug_t = [ Aug_t,T( :,pos ) ];       %   矩阵扩充

    T( :,pos ) = zeros( M,1 );          %   选中的列置零,在数据中去除
                                        %   这个标记的所有印迹
    aug_y = ( Aug_t' * Aug_t )^( -1 ) * Aug_t' * s;  %   最小二乘,使残差最小
    r_n = s-Aug_t * aug_y;              %   残差
    pos_array( times ) = pos;           %   记录最大投影系数的位置
end
hat_y( pos_array ) = aug_y;             %   重构的谱域向量
hat_x = real( Psi ' * hat_y. ' );       %   做逆傅里叶变换重构得到时域
                                        %   信号
```

```
%%　4. 恢复信号和原始信号对比
figure(1);
hold on;
plot(hat_x,'k. -')                    %　重建信号
plot(x,'r')                           %　原始信号
legend('Recovery','Original')
norm(hat_x. '-x)/norm(x)              %　重构误差
```

程序2

```
%　本程序实现图像 LENA 的压缩传感
%　算法采用正交匹配法,参考文献 Joel A. Tropp and Anna C. Gilbert
%　Signal Recovery From Random Measurements Via Orthogonal Matching
%　Pursuit,IEEE TRANSACTIONS ON INFORMATION THEORY,VOL. 53,NO. 12,
%　DECEMBER 2007.

function Wavelet_OMP

clc;clear

%　读文件
X = imread('lena256. bmp');
X = double(X);
[a,b] = size(X);

%　小波变换矩阵生成
ww = DWT(a);

%　小波变换让图像稀疏化(注意该步骤会耗费时间,但是会增大稀疏度)
X1 = ww * sparse(X) * ww';
% X1 = X;
X1 = full(X1);

%　随机矩阵生成
M = 190;
R = randn(M,a);
```

```
%  R = mapminmax( R,0,255);
%  R = round( R);

%    测量值
Y = R * X1;

%    OMP 算法
%    恢复矩阵
X2 = zeros( a,b);
%    按列循环
for i = 1:b
    %    通过 OMP,返回每一列信号对应的恢复值(小波域)
    rec = omp( Y( :,i),R,a);
    %    恢复值矩阵,用于反变换
    X2( :,i) = rec;
end

%    原始图像
figure( 1);
imshow( uint8( X));
title('原始图像');

%    变换图像
figure( 2);
imshow( uint8( X1));
title('小波变换后的图像');

%    压缩传感恢复的图像
figure( 3);
%    小波反变换
X3 = ww ' * sparse( X2) * ww;
%  X3 = X2;
X3 = full( X3);
imshow( uint8( X3));
title('恢复的图像');
```

```
%    误差( PSNR)
%    MSE 误差
errorx = sum( sum( abs( X3 − X). ^2) ) ;
%    PSNR
psnr = 10 ∗ log10( 255 ∗ 255/( errorx/a/b) )


%    OMP 的函数
%    s − 测量;T − 观测矩阵;N − 向量大小
function hat_y = omp( s,T,N)
Size = size( T) ;                              %    观测矩阵大小
M = Size( 1) ;                                 %    测量
hat_y = zeros( 1,N) ;                          %    待重构的谱域( 变换域)向量
Aug_t = [ ] ;                                  %    增量矩阵( 初始值为空矩阵)
r_n = s ;                                      %    残差值

for times = 1 : M ;                            %    迭代次数(稀疏度是测量的 1/4)
    for col = 1 : N ;                          %    恢复矩阵的所有列向量
        product( col) = abs( T( : ,col)' ∗ r_n) ;  %    恢复矩阵的列向量和残差的投
                                                    影系数( 内积值)
    end
    [ val,pos] = max( product) ;              %    最大投影系数对应的位置
    Aug_t = [ Aug_t,T( : ,pos) ] ;            %    矩阵扩充
    T( : ,pos) = zeros( M,1) ;                %    选中的列置零
    aug_y = ( Aug_t' ∗ Aug_t)^( −1) ∗ Aug_t' ∗ s ;  %    最小二乘,使残差最小
    r_n = s − Aug_t ∗ aug_y ;                 %    残差
    pos_array( times) = pos ;                 %    记录最大投影系数的位置

    if ( norm( r_n) < 0. 9)                    %    残差足够小
        break ;
    end
end
hat_y( pos_array) = aug_y ;                    %    重构的向量
```

6　梯度追踪优化算法研究

6.1　概述

在多种重构算法中，就重构效果和实现的难易程度综合分析，相对而言，梯度追踪算法是较好的选择，第 3 章已经简单介绍了梯度追踪算法，并给出了其算法实现的大致框架，本章将对梯度追踪算法进行深入研究。

梯度追踪算法包括最速下降法梯度追踪（gradient pursuit，GP）、牛顿追踪（Newton pursuit，NP）、共轭梯度追踪（conjugate gradient pursuit，CGP）以及近似共轭梯度追踪（approximate conjugate gradient pursuit，ACGP）。表 6-1 中所列的是在一次迭代运算中，不同种类算法所需的计算消耗和存储需求。其中，flops 指浮点运算，n 指存储空间或计算量[1]。方括号中的数据为计算消耗和存储需求。

表 6-1　计算消耗和存储需求表

算法	计算消耗（flops）	存储需求（浮点数）
GP	$\Phi + n + 3M + [\Phi + N]$	$M + [\Phi + M + 2n + N]$
NP	$\Phi + 2n + 3M + [\Phi + N]$	$M + [\Phi + M + 2n + N]$
CGP	$2Mn + 3M + [\Phi + N]$	$Mn + 0.5n(n+1) + [\Phi + M + 2n + N]$
ACGP	$2\Phi + 2n + 4M + [\Phi + N]$	$M + [\Phi + M + 2n + N]$

注：M 为存储向量 r 的长度；Φ 为一个字典的存储空间或者一个字典或者它的转置和一个向量乘积的计算量；N 为存储向量 g 的长度。

从表 6-1 可以看出，CGP 的存储需求量最大，GP 的计算消耗最小的，这是因为 GP 算法的梯度计算最为简单，其他算法的梯度计算均比较复杂，特别是 CGP 算法[2]。

6.2　不同种类的梯度追踪算法总结

6.2.1　基于最速下降法的梯度追踪算法

最速下降法解无约束最优化问题简单有效[3]。它用目标函数的负梯度方向作为更新方向。表达式（5-13）的目标函数 $\|\boldsymbol{y} - \boldsymbol{\Phi}_{\Gamma^n}\boldsymbol{x}_{\Gamma^n}\|_2^2$ 关于 $\boldsymbol{x}$ 的梯度为

$$g_{\Gamma^n}^n = \boldsymbol{\Phi}_{\Gamma^n}^{\mathrm{T}}(\boldsymbol{y} - \boldsymbol{\Phi}_{\Gamma^n}\boldsymbol{x}_{\Gamma^n}^{n-1}) \tag{6-1}$$

用式（6-1）作为更新方向，即得到梯度追踪[4]。GP 算法总结如下。

步骤 1：初始化 $r^0 = y$，$x^0 = 0$，$\Gamma^0 = \varnothing$。

步骤 2：从 $n=1$ 迭代至 $n=n+1$ 直到满足终止准则：

（1） $g^n = <r^{n-1}, \boldsymbol{\Phi}>$；

（2） $i^n = \mathrm{argmax}\,|g_i^n|$；

（3） $\Gamma^n = \Gamma^{n-1} \cup i^n$；

（4） $d_{\Gamma^n}^n = g_{\Gamma^n}$；

（5） $a^n = \dfrac{<r^n,\ \boldsymbol{\Phi}_{\Gamma^n} d_{\Gamma^n}^n>}{\|\boldsymbol{\Phi}_{\Gamma^n} d_{\Gamma^n}^n\|_2^2}$；

（6） $x_{\Gamma^n}^n = x_{\Gamma^n}^{n-1} + a_n d_{\Gamma^n}^n$；

（7） $r^n = r^{n-1} - a^n \boldsymbol{\Phi}_{\Gamma^n} d_{\Gamma^n}^n$。

步骤 3：输出 r^n，$x_{\Gamma^n}^n$。

算法终止准则为：$\|r^n - r^{n-1}\| \leqslant 10^{-6}$。

6.2.2 基于牛顿法的梯度追踪算法

若 x^* 是无约束问题的局部解，则 x^* 满足：

$$\nabla f(x^*) = 0 \tag{6-2}$$

式（6-2）是非线性的，考虑它的一个线性逼近，牛顿法[5]选取初始点 $x^{(1)}$，在 $x^{(1)}$ 处线性展开，略去高阶部分有：

$$\nabla f(x) \approx \nabla f(x^{(1)}) + \nabla^2 f(x^{(1)})(x - x^{(1)}) \tag{6-3}$$

令式（6-3）右端为零，即：

$$\nabla f(x^{(1)}) + \nabla^2 f(x^{(1)})(x - x^{(1)}) = 0 \tag{6-4}$$

求解线性方程组（6-4）得到：

$$x^{(2)} = x^{(1)} - (\nabla^2 f(x^{(1)}))^{-1} \nabla f(x^{(1)}) \tag{6-5}$$

作为 x^* 的第二次近似。

若 $x^{(2)}$ 的精度不够，在 $x^{(2)}$ 处将 $\nabla f(x)$ 展开即可得到 $x^{(3)}$，如此下去，可以得到序列 $\{x^{(k)}\}$，并且满足

$$x^{(k+1)} = x^{(k)} - (\nabla^2 f(x^{(k)}))^{-1} \nabla f(x^{(k)}), k = 1, 2, \cdots \tag{6-6}$$

称式（6-6）为 Newton 迭代公式。可将式（6-6）改为

$$x^{(k+1)} = x^{(k)} + d^{(k)} \tag{6-7}$$

以便于计算。其中 $d^{(k)}$ 是线性方程组：

$$\nabla^2 f(x^{(k)}) d = -\nabla f(x^{(k)}) \tag{6-8}$$

的解。通常称式（6-8）为 Newton 方程。

如下为整理 Newton 法的算法。

步骤 1：取初始点 $x^{(1)}$，精度要求 ε，$k=1$。

步骤 2：如果 $\|\nabla f(x^{(k)})\| \leqslant \varepsilon$，停止计算（$x^{(k)}$ 作为无约束问题的解）；否则

求解线性方程组 $\nabla^2 f(x^{(k)})d = -\nabla f(x^{(k)})$，得到 $d^{(k)}$。

步骤 3：$x^{(k+1)} = x^{(k)} + d^{(k)}$，$k = k+1$，转步骤 2。

牛顿法利用目标函数 $f(x)$ 的一阶导数和二阶导数（二阶 Hesse 矩阵）来求更新方向，即在 n 次迭代中，更新方向 d 的计算如下：

$$\nabla^2 f(x^n)d = -\nabla f(x^n) \tag{6-9}$$

将牛顿法计算更新方向的思想运用到梯度追踪框架中就得到一种新的梯度追踪算法——牛顿追踪[6]。对应于梯度追踪框架，式（6-9）中的 $-\nabla f(x^n)$ 即为 $g_{\Gamma^n} = \boldsymbol{\Phi}_{\Gamma^n}^{\mathrm{T}}(\boldsymbol{y} - \boldsymbol{\Phi}_{\Gamma^n} x_{\Gamma^n}^{n-1})$，$\nabla^2 f(x^n)$ 即为 $-\boldsymbol{\Phi}_{\Gamma^n}^{\mathrm{T}} \boldsymbol{\Phi}_{\Gamma^n}$，也即 NP 利用式（6-10）更新梯度方向：

$$\boldsymbol{\Phi}_{\Gamma^n}^{\mathrm{T}} \boldsymbol{\Phi}_{\Gamma^n} d_{\Gamma^n}^n = -g_{\Gamma^n} \tag{6-10}$$

NP 算法总结如下。

步骤 1：初始化 $\boldsymbol{r}^0 = \boldsymbol{y}$，$x^0 = 0$，$\Gamma^0 = \varnothing$。

步骤 2：从 $n = 1$ 迭代至 $n = n+1$ 直到满足终止准则：

（1）$\boldsymbol{g}^n = <\boldsymbol{r}^{n-1}, \boldsymbol{\Phi}>$；

（2）$i^n = \mathrm{argmax}\left| g_i^n \right|$；

（3）$\Gamma^n = \Gamma^{n-1} \cup i^n$；

（4）通过式（6-10）计算更新方向 $d_{\Gamma^n}^n$；

（5）$a^n = \dfrac{<\boldsymbol{r}^n, \boldsymbol{\Phi}_{\Gamma^n} d_{\Gamma^n}^n>}{\left\| \boldsymbol{\Phi}_{\Gamma^n} d_{\Gamma^n}^n \right\|_2^2}$；

（6）$\boldsymbol{x}_{\Gamma^n}^n = \boldsymbol{x}_{\Gamma^n}^{n-1} + a_n d_{\Gamma^n}^n$；

（7）$\boldsymbol{r}^n = \boldsymbol{r}^{n-1} - a^n \boldsymbol{\Phi}_{\Gamma^n} d_{\Gamma^n}^n$。

步骤 3：输出 $\boldsymbol{r}^n$，$\boldsymbol{x}_{\Gamma^n}^n$。

算法终止准则为：$\left\| \boldsymbol{r}^n - \boldsymbol{r}^{n-1} \right\| \leqslant 10^{-6}$。

6.2.3　基于共轭梯度法的梯度追踪算法

为了克服牛顿法的一些缺点，共轭梯度法应运而生[7]。设

$$f(\boldsymbol{x}) = \frac{1}{2}x^{\mathrm{T}}\boldsymbol{G}x + r^{\mathrm{T}}x + \delta$$

式中　$\boldsymbol{G}$——正定对称矩阵。

由扩展子空间定理可知，若 $d^{(1)}$，$d^{(2)}$，$\cdots$，$d^{(n)}$ 为 $\boldsymbol{n}$ 个 $\boldsymbol{G}$ 共轭方向，那么从任意的初始点 $x^{(1)}$ 出发，至多 n 次精确一维搜索，就可以得到目标函数唯一的极小点[8]。

任取初始点 $x^{(1)}$ 出发，若 $\nabla f(x^{(1)}) = 0$ 则停止计算，$x^{(1)}$ 作为无约束问题的极小点。当 $\nabla f(x^{(1)}) \neq 0$ 时，令

$$d^{(1)} = -\nabla f(x^{(1)}) \tag{6-11}$$

然后沿着 $d^{(1)}$ 方向进行一维搜索，得到点 $x^{(2)}$。若 $\nabla f(x^{(2)}) \neq 0$，令

$$d^{(2)} = -\nabla f(x^{(2)}) + \beta_1^{(2)} d^{(1)} \tag{6-12}$$

并且使得 $d^{(1)}$，$d^{(2)}$ 满足

$$(d^{(1)})^{\mathrm{T}} \boldsymbol{G} d^{(2)} = 0 \tag{6-13}$$

即 $d^{(1)}$，$d^{(2)}$ 关于 $\boldsymbol{G}$ 共轭。结合式（6-12）和式（6-13）得

$$\beta_1^{(2)} = \frac{(d^{(1)})^{\mathrm{T}} \boldsymbol{G} \nabla f(x^{(2)})}{(d^{(1)})^{\mathrm{T}} \boldsymbol{G} d^{(1)}} \tag{6-14}$$

将式（6-14）得到的 $\beta_1^{(2)}$ 代入式（6-12），这样得到的 $d^{(2)}$ 是与 $d^{(1)}$ 关于 $\boldsymbol{G}$ 共轭。再从 $x^{(2)}$ 出发，沿着 $d^{(2)}$ 作一维搜索，得到 $x^{(3)}$。如此下去，假设在 $x^{(k)}$ 处，$\nabla f(x^{(k)}) \neq 0$，构造 $x^{(k)}$ 处的搜索方向 $d^{(k)}$ 如下：

$$d^{(k)} = -\nabla f(x^{(k)}) + \beta_1^{(k)} d^{(1)} + \beta_2^{(k)} d^{(2)} + \cdots + \beta_{k-1}^{(k)} d^{(k-1)} \tag{6-15}$$

由于要求的搜索方向关于 $\boldsymbol{G}$ 共轭，因此可得到：

$$\beta_1^{(k)} = \frac{(d^{(1)})^{\mathrm{T}} \boldsymbol{G} \nabla f(x^{(k)})}{(d^{(1)})^{\mathrm{T}} \boldsymbol{G} d^{(1)}} \tag{6-16}$$

结合式（6-15）和式（6-16），得到 $d^{(k)}$ 是与 $d^{(1)}$，$d^{(2)}$，$\cdots$，$d^{(k-1)}$ 关于 $\boldsymbol{G}$ 共轭。从前面推导过程中得到的搜索方向 $d^{(1)}$，$d^{(2)}$，$\cdots$，$d^{(k-1)}$ 已是 $\boldsymbol{G}$ 的 $k-1$ 个共轭方向，所以 $d^{(1)}$，$d^{(2)}$，$\cdots$，$d^{(k)}$ 是 $\boldsymbol{G}$ 的 k 个共轭方向。当 $k=n$ 时，根据扩展子空间定理，得到 n 个非零的 $\boldsymbol{G}$ 共轭方向，$x^{(n-1)}$ 为整个空间上的唯一极小点。

式（6-15）和式（6-16）所示的共轭方向的计算公式仅适用于正定二次函数，而且随着 k 的增大，存储量增多，不能用于一般的目标函数。下面利用正定二次函数的性质，对式（6-15）和式（6-16）进行简化，得到适用于一般可微目标函数的共轭梯度法计算公式：

$$\beta_{k-1} = \frac{(\nabla f(x^{(k)}))^{\mathrm{T}} (\nabla f(x^{(k-1)}))}{(\nabla f(x^{(k-1)}))^{\mathrm{T}} \nabla f(x^{(k-1)})} \tag{6-17}$$

或

$$\beta_{k-1} = \frac{\|\nabla f(x^{(k)})\|^2}{\|\nabla f(x^{(k-1)})\|^2} \tag{6-18}$$

其搜索方向构造如下：

$$\begin{cases} d^{(1)} = -\nabla f(x^{(1)}) \\ d^{(k)} = -\nabla f(x^{(k)}) + \beta_{k-1} d^{(k-1)} \end{cases} \tag{6-19}$$

整理共轭梯度法如下。

步骤 1：取初始点 $x^{(1)}$，精度要求 ε，$k=1$。

步骤 2：如果 $\|\nabla f(x^{(k)})\| \leqslant \varepsilon$，则停止计算（$x^{(k)}$ 作为无约束问题的解）；否则置 $d^{(k)} = -\nabla f(x^{(k)}) + \beta_{k-1} d^{(k-1)}$，其中

$$\beta_{k-1} = \begin{cases} 0, k=1 \\ \dfrac{\|\nabla f(x^{(k)})\|^2}{\|\nabla f(x^{(k-1)})\|^2}, k>1 \end{cases}$$

步骤 3：一维搜索。求解一维问题 $\min\phi(\alpha) = f(x^{(k)} + \alpha d^{(k)})$ 得 α^k，置 $x^{(k+1)} =$

$x^{(k)} + \alpha_k d^{(k)}$。

步骤4：$k = k + 1$，转步骤2。

将共轭梯度法的思想运用到梯度追踪框架中，目标函数为：

$$\| \boldsymbol{y} - \boldsymbol{\Phi}_{\Gamma^n} \boldsymbol{x}_{\Gamma^n} \|_2^2 \tag{6-20}$$

每当选择一个新的原子，目标函数的维数 n 都会增加。用共轭梯度法求解式（6-20），也就是使得当前的更新方向和以前已使用的所有更新方向 $\boldsymbol{G}_{\Gamma^n \text{-共轭}}$，其中 $\boldsymbol{G}_{\Gamma^n} = \boldsymbol{\Phi}_{\Gamma^n}^{\mathrm{T}} \boldsymbol{\Phi}_{\Gamma^n}$。

在梯度追踪框架中，目标函数的维数是从1开始递增的，第一次迭代时，更新方向和步长都是一个数值[9]。一般来说，如果先前 $n-1$ 个已使用的更新方向是 $\boldsymbol{G}_{\Gamma^n \text{-共轭}}$ 的，那么，仅仅只需要再增加一个共轭方向就可以精确地解决一个 n 维问题。

由 $\boldsymbol{G}_{\Gamma^n}$ – 共轭的定义，有：

$$(\boldsymbol{D}_{\Gamma^n}^{n-1})^{\mathrm{T}} \boldsymbol{G}_{\Gamma^n} \boldsymbol{D}_{\Gamma^n}^{n-1} = \boldsymbol{B} \tag{6-21}$$

式中　$\boldsymbol{B}$——对角矩阵。

因为 $\boldsymbol{D}_{\Gamma^n}^{n-1}$ 的最后一行的元素全为零，所以在式（6-21）中 $\boldsymbol{G}_{\Gamma^n}$ 的最后一行和最后一列的元素全和零相乘，这就意味着

$$\boldsymbol{B} = (\boldsymbol{D}_{\Gamma^{n-1}}^{n-1})^{\mathrm{T}} \boldsymbol{G}_{\Gamma^{n-1}} \boldsymbol{D}_{\Gamma^{n-1}}^{n-1} = (\boldsymbol{D}_{\Gamma^n}^{n-1})^{\mathrm{T}} \boldsymbol{G}_{\Gamma^n} \boldsymbol{D}_{\Gamma^n}^{n-1} \tag{6-22}$$

则主要的问题就是如何计算一个和先前 $n-1$ 个已使用的更新方向是 $\boldsymbol{G}_{\Gamma^n}$ 共轭的新的更新方向。因此，新的更新方向应该满足

$$(\boldsymbol{D}_{\Gamma^n}^{n-1})^{\mathrm{T}} \boldsymbol{G}_{\Gamma^n} \boldsymbol{D}_{\Gamma^n}^{n} = 0 \tag{6-23}$$

将每一个新的更新方向表示为所有先前已选择的方向和当前梯度 g_{Γ^n} 的组合：

$$d_{\Gamma^n}^n = b_0 g_{\Gamma^n} + \boldsymbol{D}_{\Gamma^n}^{n-1} \boldsymbol{b} \tag{6-24}$$

为了不失一般性，令 $b_0 = 1$。将式（6-24）左乘 $\boldsymbol{D}_{\Gamma^n}^{n-1} \boldsymbol{G}_{\Gamma^n}$，并利用 $\boldsymbol{G}_{\Gamma^n}$ – 共轭的性质，可以得到 $n-1$ 个约束：

$$(\boldsymbol{D}_{\Gamma^n}^{n-1})^{\mathrm{T}} \boldsymbol{G}_{\Gamma^n} (g_{\Gamma^n} + \boldsymbol{D}_{\Gamma^n}^{n-1} \boldsymbol{b}) = 0 \tag{6-25}$$

由式（6-25）可以解得

$$\boldsymbol{b} = -((\boldsymbol{D}_{\Gamma^n}^{n-1})^{\mathrm{T}} \boldsymbol{G}_{\Gamma^n} \boldsymbol{D}_{\Gamma^n}^{n-1})^{-1} ((\boldsymbol{D}_{\Gamma^n}^{n-1})^{\mathrm{T}} \boldsymbol{G}_{\Gamma^n} g_{\Gamma^n}) \tag{6-26}$$

再次使用 $\boldsymbol{G}_{\Gamma^n}$ – 共轭的性质，有 $(\boldsymbol{D}_{\Gamma^n}^{n-1})^{\mathrm{T}} \boldsymbol{G}_{\Gamma^n} \boldsymbol{D}_{\Gamma^n}^{n-1}$ 是一个对角阵，这样不需要计算矩阵的逆就可解得每个新的更新方向。这就是共轭梯度追踪算法。

CGP 算法总结如下。

步骤1：初始化 $\boldsymbol{r}^0 = \boldsymbol{y}$，$x^0 = 0$，$\Gamma^0 = \varnothing$。

步骤2：从 $n = 1$ 迭代至 $n = n + 1$ 直到满足终止准则；

（1）$g^n = \langle \boldsymbol{r}^{n-1}, \boldsymbol{\Phi} \rangle$；

（2）$i^n = \operatorname{argmax} | g_i^n |$；

（3）$\Gamma^n = \Gamma^{n-1} \cup i^n$；

（4）通过式（6-26）计算 $\boldsymbol{b}$；

（5）通过式（6-24）计算更新方向 $d_{\Gamma^n}^n$；

（6）$a^n = \dfrac{< r^n, \ \boldsymbol{\Phi}_{\Gamma^n} d_{\Gamma^n}^n >}{\| \boldsymbol{\Phi}_{\Gamma^n} d_{\Gamma^n}^n \|_2^2}$；

（7）$x_{\Gamma^n}^n = x_{\Gamma^n}^{n-1} + a_n d_{\Gamma^n}^n$；

（8）$r^n = r^{n-1} - a^n \boldsymbol{\Phi}_{\Gamma^n} d_{\Gamma^n}^n$。

步骤 3：输出 r^n，$x_{\Gamma^n}^n$。

算法终止准则为：$\| r^n - r^{n-1} \| \leqslant 10^{-6}$。

6.3 梯度追踪算法仿真及结果分析

6.3.1 梯度追踪算法实验仿真

通过上述的分析和研究，对不同种类的梯度追踪算法的实现步骤有所了解，接下来建立相应的仿真模型，运用 MATLAB 软件进行仿真。

首先构造出一个稀疏度 $k = 7$，长度为 $N = 256$ 的稀疏信号，对其进行 200 点采样，将基于最速下降法的梯度追踪算法进行实际的实验，结果如图 6-1 和图 6-2 所示。

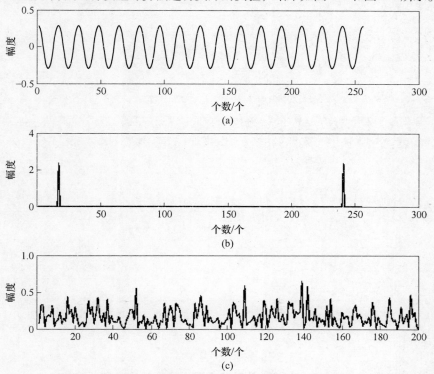

图 6-1　原始信号示意

（a）原始信号；（b）稀疏基下的信号表示；（c）采样信号

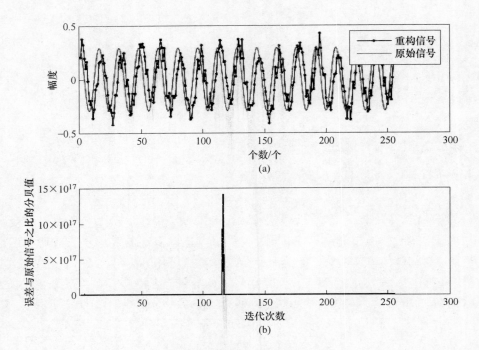

图 6-2　重构信号与原始信号对比

（a）原始信号与重构信号的比较；（b）残差与迭代次数的关系

　　在上述仿真结束后，不改变原有的参数，在相同的模型下，同样构造一个稀疏度为 $k=7$，长度为 $N=256$ 的稀疏信号，同样对其进行 200 点采样，将基于牛顿法的梯度追踪算法进行实际的实验，结果如图 6-3 和图 6-4 所示。

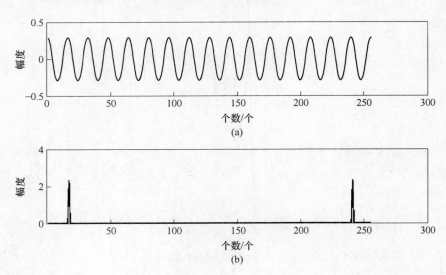

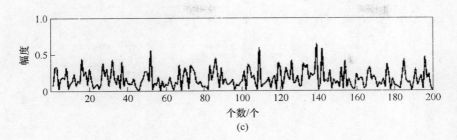

图 6-3 原始信号示意图

(a) 原始信号；(b) 稀疏基下的信号表示；(c) 采样信号

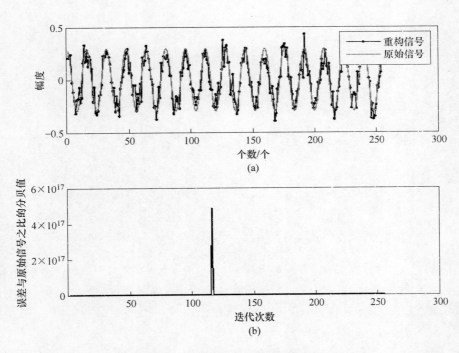

图 6-4 重构信号与原始信号对比

(a) 原始信号与重构信号的比较；(b) 残差与迭代次数的关系

再次取相同的模型，在其参数不变的情况下，即构造稀疏度 $k = 7$，长度为 $N = 256$ 的稀疏信号，同样对其进行 200 点采样，将基于共轭梯度法的梯度追踪算法进行实际的实验，结果如图 6-5 和图 6-6 所示。

6.3.2 仿真结果分析

从以上的仿真实验和仿真结果，可以很清晰地对比出不同种类的梯度追踪算

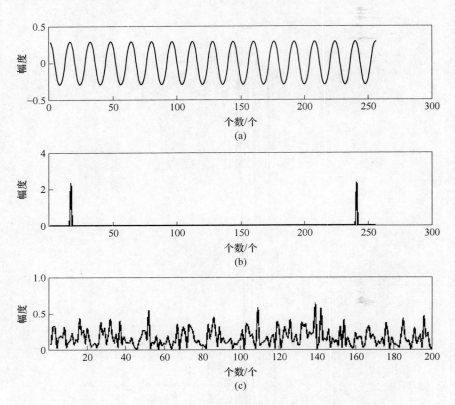

图 6-5　原始信号示意图

（a）原始信号；（b）稀疏基下的信号表示；（c）采样信号

法的优缺点，根据对比的结果，对重构算法进行择优选择。

在解无约束最优化问题时，最速下降法是最简单的一种方法，与其他梯度追踪算法相比，它的计算复杂度和存储需求最低，重构时间是最少的[10]；但是收敛慢，效率低。

牛顿法虽然具有二阶收敛速率和二次终止性，但要计算 Hesse 矩阵或者有时无法计算 Hesse 矩阵、产生的点列不收敛、目标函数值可能上升。所以从理论上讲，NP 的重构时间要比 GP 多[11]。

共轭梯度法与牛顿法相比，其优越性在于不必计算 Hesse 矩阵且收敛速度比最速下降法快得多[12]。但在每次迭代中都要计算一个梯度，且必须要保证和前面所有已经计算的梯度共轭，这使得其计算复杂度和存储需求相比于 NP、GP 而言要大得多。

GP、NP 和 CGP 算法与传统贪婪迭代算法相比，其计算复杂度和存储空间已经取得了长足的进步，但是 NP 算法仍然保留了 Newton 算法的缺点[13]；而共轭

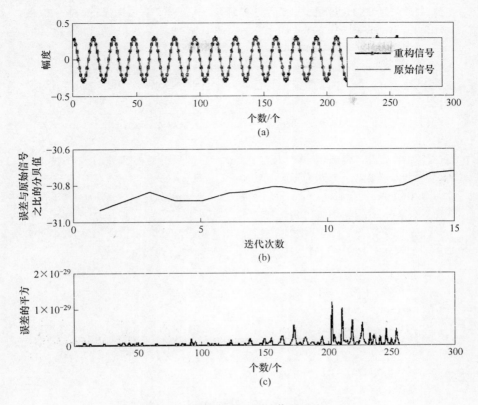

图6-6 重构信号与原始信号对比

(a) 原始信号与重构信号的比较；(b) 残差与迭代次数的关系；(c) 各点误差的平方

梯度法中共轭梯度的计算仍然很复杂，所以研究出既能克服上述梯度追踪算法的缺点，又能保持现有的优点的新算法，仍然是有待研究的重要方面。

参 考 文 献

［1］全英汇．稀疏信号处理在雷达检测和成像中的应用研究［D］．西安：西安电子科技大学，2012.

［2］武婷婷．图像处理中几类PDE模型的数值方法［D］．长沙：湖南大学，2011.

［3］孙林慧．语音压缩感知关键技术研究［D］．南京：南京邮电大学，2012.

［4］王真．基于压缩感知的局部场电位信号重构算法研究［D］．天津：天津医科大学，2013.

［5］张晓咏．基于压缩感知和PSF理论的高时空分辨磁共振成像方法研究［D］．武汉：中南民族大学，2013.

［6］黄涛．基于压缩感知的分布式视频编解码研究［D］．金华：浙江师范大学，2012.

［7］Candès E，Wakin M. An introduction to compressive sampling［J］．IEEE Signal Processing Magazine，2008，25（2）：21～30.

［8］王智慧．基于压缩感知的图像重构算法研究［D］．西安：西安电子科技大学，2012.

［9］杨良龙．压缩感知中信号重建算法和确定性测量矩阵研究［D］．南京：南京邮电大学，2013.

［10］徐永哲．认知网络中的分布式压缩协作频谱感知方法研究［D］．长沙：湖南大学，2010.

［11］何雪云，宋荣方，周克琴．基于压缩感知的 OFDM 系统稀疏信道估计新方法研究［J］．南京邮电大学学报（自然科学版），2010（2）：60～65.

［12］Zhu H. Recovery of sparse signals using OMP and its variants：convergence analysis based on RIP［J］．Inverse Problems，2011，27（3）．

［13］刘冰，付平，孟升．基于正交匹配追踪的压缩感知信号检测算法［J］．仪器仪表学报，2010，31（9）：1959～1964.

7 正交匹配追踪算法

7.1 正交匹配追踪（OMP）算法的基础知识

正交匹配追踪算法（orthogonal matching pursuit）简称为 OMP 算法。在 MP 算法中，因为迭代之后的残差值与已经选择过的传感矩阵的列向量不能保证全部正交，所以迭代多次后的结果还不一定是最优的，这使得迭代的结果收敛需要很多次的迭代[1]。而 OMP 算法解决了 MP 算法的这个不足。OMP 算法虽然也是在传感矩阵 $\boldsymbol{\varphi}$ 中选出与残差信号最匹配的那一列，然后对原始信号进行稀疏线性逼近，但是会对从过完备原子库中选出的列向量进行正交化，保证迭代之后的残差值与选择的列向量正交，这使得迭代之后的结果是最优的[2]。和 MP 算法相比，OMP 算法大大减少了迭代的次数，从而大大加快了信号的重构速度并保证了重构信号的最优性。OMP 算法迭代的次数与稀疏信号 x 的稀疏度 k 和采样次数 M 有密切的关系，稀疏度 k 或采样次数 M 越大，所需迭代的次数也会越多，重构信号所需的时间也就越长[3]。

OMP 算法的核心思想是：假设原始信号是 k 稀疏信号，用贪婪迭代的方法在传感矩阵 $\boldsymbol{\varphi}$ 中选出与残差值最匹配的那一列（与残差值内积最大的那一列），在迭代的过程中，OMP 算法把所有选择的列向量进行正交化，然后再用残差值减去相关部分得到下一次迭代所用的残差值，迭代 k 次停止迭代[4]。

OMP 算法的详细步骤如下：

输入：M 维观测向量 y；

$\qquad$ $M \times N$ 的传感矩阵 $\boldsymbol{\varphi} = AB$；

$\qquad$ 稀疏系数 $\boldsymbol{\theta}$ 的稀疏度 k。

输出：稀疏系数估计 $\tilde{\boldsymbol{\theta}}$；

$\qquad$ M 维残差值 r。

初始化残差值 $\boldsymbol{r}_0 = \boldsymbol{y}$，索引集 $\rho_0 = \varnothing$，迭代次数 $t = 1$。

步骤 1：在传感矩阵 $\boldsymbol{\varphi}$ 中找出与残差 r 内积最大的列向量 $\boldsymbol{\varphi}_j$ 并把其脚标记录在 ρ 中，即 $\rho_t = \underset{j=1,\cdots,N}{\arg\max} |<\boldsymbol{r}_{t-1}, \boldsymbol{\varphi}_j>|$；

步骤 2：在传感矩阵 $\boldsymbol{\varphi}$ 中选择列向量重建原子集合 $\boldsymbol{\varphi}_t = [\boldsymbol{\varphi}_{t-1}, \boldsymbol{\varphi}_{\rho_t}]$；

步骤 3：用最小二乘法求出 $\boldsymbol{\theta}_t = (\boldsymbol{\varphi}_t^{\mathrm{T}} \boldsymbol{\varphi}_t)^{-1} \boldsymbol{\varphi}_t^{\mathrm{T}} \boldsymbol{y}$；

步骤 4：更新残差值 $\boldsymbol{r}_t = \boldsymbol{y} - \boldsymbol{\varphi}_t \boldsymbol{\theta}_t$，更新迭代次数 $t = t + 1$；

步骤 5：判断 t 是否大于 k，如果 $t > k$，那么停止迭代，输出稀疏系数估计

$\tilde{\boldsymbol{\theta}}[\rho_t] = \boldsymbol{\theta}_t$ 和残差值 $\boldsymbol{r}$，如果 $t \leq k$，则重新执行步骤 1。

得到稀疏系数估计 $\tilde{\boldsymbol{\theta}}$ 之后，再利用 $\tilde{\boldsymbol{x}} = \boldsymbol{B}\tilde{\boldsymbol{\theta}}$ 就可以得到原始信号估计。

7.1.1　利用 OMP 算法重构一维信号

仿真对象为：

$$x = 0.3\cos\left(\pi \frac{1}{8}t\right) + 0.1\cos\left(\pi \frac{1}{4}t\right) + 0.9\cos\left(\pi \frac{1}{2}t\right) + 0.7\cos(\pi t)$$

这里先对该信号进行采样，采样频率为 800，采样次数为 256。原始一维信号 x 的图像如图 7-1（a）所示，这个信号的长度 $N = 256$，通过离散傅里叶变换基把此信号进行稀疏表示，稀疏系数的稀疏度 $k = 7$，稀疏矩阵 $\boldsymbol{B}$ 为离散傅里叶变换基，观测矩阵 $\boldsymbol{A}$ 选用高斯随机矩阵，传感矩阵 $\boldsymbol{\varphi}$ 即为 $\boldsymbol{A} \times \boldsymbol{B}$。观测向量 y 的长度为 $M = 64$，传感矩阵 $\boldsymbol{\varphi}$ 为一个 $M \times N$ 的满足约束等距性条件的矩阵，采样率 $M/N = 0.25$。图 7-1（b）所示为用 OMP 算法重构原始信号的结果。

在 Matlab 中显示恢复残差 $\|\tilde{\boldsymbol{x}} - \boldsymbol{x}\|_2 / \|\boldsymbol{x}\|_2$ 为 9.6500×10^{-15}，绝对误差小于 $2 \times Jval$（mm）可知用 OMP 算法重构一维信号精确度十分高，信号重构所用时间为 0.172s。

7.1.2　利用 OMP 算法重构二维图像信号

仿真的实验对象是大小为 256×256 的 Lena 图像，先用正交小波基作为稀疏基，把图像信号变换为稀疏系数，在采样率 M/N 分别为 0.6、0.5、0.4、0.3 的情况下，用 OMP 算法对该图像信号进行重构，得到结果如图 7-2 所示。

根据 Matlab 中的显示可以得到表 7-1。

表 7-1　采样率 M/N 分别为 0.6、0.5、0.4、0.3 时用 OMP 算法重构的结果

采样率	0.6	0.5	0.4	0.3
相对误差	0.0079	0.0098	0.0119	0.0135
重构时间/s	2.3654	1.9256	1.6984	1.3574

从图 7-2 和表 7-1 中可以知道，用 OMP 算法重构二维图像信号的效果并不是十分理想，在采样率较低的情况下不能较精确地还原出原始图像信号。随着采样率的减少相对误差开始增加，重构原始图像信号所需的时间开始减少[5]。虽然 OMP 算法在采样率高的情况下能较精确地还原出原始图像信号，但由于本身计算复杂度高，随着需要还原的数据增大，重构信号所需的时间将会大大增加，所以 OMP 算法不适用于还原包含大量数据的信号。OMP 算法是最早的贪婪迭代算法之一，人们后来在 OMP 算法的基础上陆续研究出了很多其他算法，OMP 的出现有着非常重大的意义。

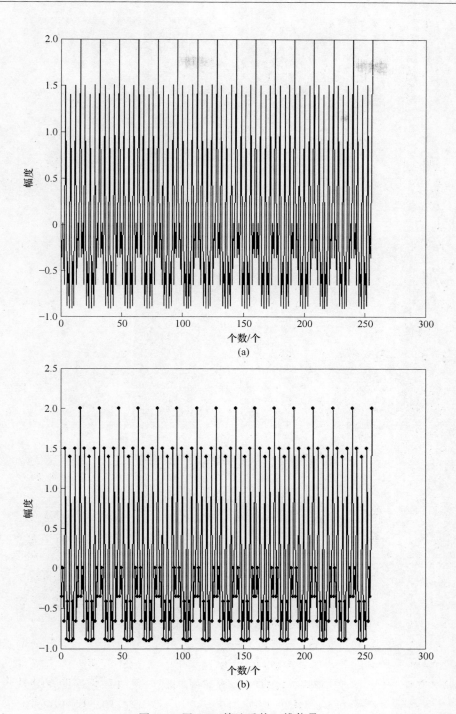

图 7-1 用 OMP 算法重构一维信号

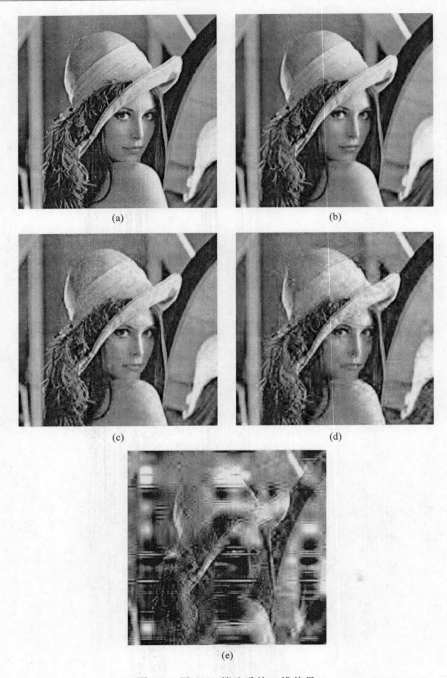

图 7-2　用 OMP 算法重构二维信号

（a）原始图像；（b）$M/N=0.6$ 时的重构图像；（c）$M/N=0.5$ 时的重构图像；

（d）$M/N=0.4$ 时的重构图像；（e）$M/N=0.3$ 时的重构图像

7.2 基于 OMP 算法的优化方案

通过第 2 章可以了解到，要想用压缩感知技术重构出原始信号，必须经过信号的感知和信号的重构两个过程[6]。通过研究已经知道 OMP 算法在传感矩阵中选择最佳匹配列向量比较困难，而恰恰在传感矩阵中找出最佳匹配列向量构成支撑集是 OMP 算法的关键，如果没有准确找出最佳匹配列向量，OMP 算法甚至无法精确地还原出原始信号[7]，而且由于迭代次数过多，OMP 算法重构信号所需的时间也很长。在实际应用中的原始信号的稀疏度通常是不能直接得到的，而用 OMP 算法重构原始信号稀疏度又是必不可少的，这给重构原始信号带来了麻烦。

StOMP 算法针对 OMP 算法的不足和缺陷进行了大量的改进，它提出了一种分段的方法，使得迭代次数相比 OMP 算法大大减少，使重构算法的复杂度降低，大大缩短了重构信号所需要的时间[8]。OMP 算法重构原始信号时需要预先知道原始信号的稀疏度，而 StOMP 算法可以通过设置一个硬阈值 τ 控制重构原始信号时的迭代次数[9]，这使得人们无需事先估计出原始信号的稀疏度。

StOMP 重构算法的详细步骤如下：

输入：M 维观测向量 $\boldsymbol{y}$；

　　　大小为 $M \times N$ 的观测矩阵 $\boldsymbol{\varphi} = \boldsymbol{AB}$；

　　　默认迭代次数 S；

　　　硬阈值 τ。

输出：稀疏系数估计 $\tilde{\boldsymbol{\theta}}$；

　　　M 维残差值 $\boldsymbol{r}$。

初始化：$\boldsymbol{r}_0 = \boldsymbol{y}$，索引集 $\rho_0 = \varnothing$，迭代次数 $t = 1$。

步骤 1：计算 $u = \mathrm{abs}[\boldsymbol{\varphi}^{\mathrm{T}} \boldsymbol{r}_{t-1}]$（即计算 $<\boldsymbol{r}_{t-1}, \boldsymbol{\varphi}_j>$，$1 \leqslant j \leqslant N$），把 u 中大于门限 $\tau \times \|\boldsymbol{r}_{t-1}\|_2 / \sqrt{M}$ 的元素选出来，把这些元素在传感矩阵 $\boldsymbol{\varphi}$ 的列序号 j 记录在 J_0 中；

步骤 2：更新索引集 $\rho_t = \rho_{t-1} \cup J_0$，$\boldsymbol{\varphi}_t = \boldsymbol{\varphi}_{t-1} \cup \boldsymbol{\varphi}_j$（其中 j 属于 J_0）；

步骤 3：若 $\rho_t = \rho_{t-1}$，即 $J_0 = \varnothing$，则立即停止迭代计入步骤 7；

步骤 4：求 $\boldsymbol{y} = \boldsymbol{\varphi}_t \boldsymbol{\theta}_t$ 的最小二乘解，$\boldsymbol{\theta}_t = (\boldsymbol{\varphi}_t^{\mathrm{T}} \boldsymbol{\varphi}_t)^{-1} \boldsymbol{\varphi}_t^{\mathrm{T}} \boldsymbol{y}$；

步骤 5：更新残差值 $\boldsymbol{r}_t = \boldsymbol{y} - \boldsymbol{\varphi}_t \boldsymbol{\theta}_t = \boldsymbol{y} - \boldsymbol{\varphi}_t (\boldsymbol{\varphi}_t^{\mathrm{T}} \boldsymbol{\varphi}_t)^{-1} \boldsymbol{\varphi}_t^{\mathrm{T}} \boldsymbol{y}$；

步骤 6：更新迭代次数，$t = t + 1$，如果 $t \leqslant S$，则返回步骤 1 继续迭代；如果 $t > S$ 或者残差值 $\boldsymbol{r}_t = 0$ 则停止迭代；

步骤 7：输出 $\tilde{\boldsymbol{\theta}}[\rho_t] = \boldsymbol{\theta}_t$，$\boldsymbol{r} = \boldsymbol{r}_t$，得到 $\tilde{\boldsymbol{\theta}}$ 后，利用稀疏矩阵重构信号 $\boldsymbol{x} = \boldsymbol{B} \tilde{\boldsymbol{\theta}}$。

由以上算法步骤可知，StOMP 算法并不需要事先知道稀疏系数的稀疏度 k，而且由于设置了硬阈值 τ，使得在保证重构信号精确度的情况下大大减少了重构信号所需时间[10]。

7.3　StOMP 算法的实际应用

在实际应用中，通常信号所包含的数据量较大，OMP 算法或者是 BP 算法重构信号所需的时间过长，可以采用 StOMP 算法来完成这一任务。它通过设置硬阈值的方法，大大减少了所需的迭代次数，完成了对信号的快速重构。

以下以小区周围环境为背景，用大量温度传感器采集小区环境温度，通过一组温度传感器共采集到 16167 个数据，为了便于重构原始信号，需要把这些数据扩充到 2^{14} 个数据，其中第 16168 个到 16384 个数据为零。用 Matlab 把这些数据画出来，如图 7-3 所示。

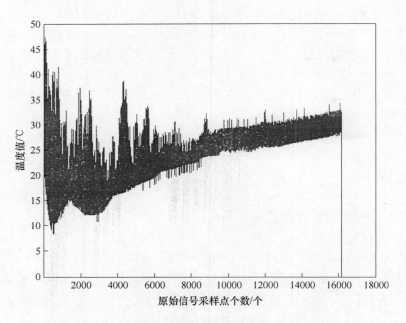

图 7-3　原始信号 x 的图像

首先对长为 $L = 2^{14}$ 的原始信号进行 5 层小波稀疏分解，得到稀疏系数；然后再采用 StOMP 算法对原始信号进行迭代逼近，得到重构信号，Matlab 的仿真结果如图 7-4 所示。

本章主要针对小区温度传感器采集到的大量数据进行有效压缩重构，经过原始数据图和重构数据图的对比，发现重构数据的还原度非常高。与 OMP 算法相比，StOMP 算法重构信号所用的时间大大减少了，而且重构信号的还原精度也能得到保障。当观测次数越多时，信号的重构精度也越高；随着稀疏系数稀疏度的增加，想要保证重构信号的精确度则需要适当地增加观测次数[11]。因为硬阈值是人为设定的，而硬阈值会影响到重构信号的精确性，所以分别对不同的硬阈值

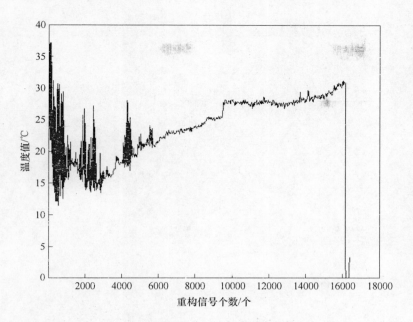

图 7-4 用 StOMP 算法重构的信号

进行了验证，得到当硬阈值 τ 为 2.5 时，在相同的观测次数和稀疏度时，重构信号的精度是最高的。

参 考 文 献

[1] 任越美，张艳宁，李映. 压缩感知及其图像处理应用研究进展与展望 [J]. 自动化学报，2014（8）：1563～1575.

[2] 何雪云，宋荣方，周克琴. 基于压缩感知的 OFDM 系统稀疏信道估计新方法研究 [J]. 南京邮电大学学报（自然科学版），2010（2）：60～65.

[3] 尹宏鹏，刘兆栋，柴毅，等. 压缩感知综述 [J]. 控制与决策，2013，10：1441～1445，1453.

[4] 罗孟儒，周四望. 自适应小波包图像压缩感知方法 [J]. 电子与信息学报，2013，10：2371～2377.

[5] 邵文泽，韦志辉. 压缩感知基本理论：回顾与展望 [J]. 中国图象图形学报，2012（1）：1～12.

[6] 文再文，印卧涛，刘歆，等. 压缩感知和稀疏优化简介 [J]. 运筹学学报，2012（3）：49～64.

[7] 赵玉娟，郑宝玉，陈守宁. 压缩感知自适应观测矩阵设计 [J]. 信号处理，2012，12：

　　　　1635 ~ 1641.

［8］朱明，高文，郭立强. 压缩感知理论在图像处理领域的应用［J］. 中国光学，2011（5）：
　　　　441 ~ 447.

［9］方红，杨海蓉. 贪婪算法与压缩感知理论［J］. 自动化学报，2011，12：1413 ~ 1421.

［10］李卓凡，闫敬文. 压缩感知及应用［J］. 微计算机应用，2010（3）：12 ~ 16.

［11］冯鑫. 多尺度分析与压缩感知理论在图像处理中的应用研究［D］. 兰州：兰州理工大
　　　　学，2012.

附 件

程序 1

```
function[ theta ] = CS_OMP( y,A,t)
% CS_OMP Summary of this function goes here
%    Detailed explanation goes here
%    y = Phi * x
%    x = Psi * theta
%      = Phi * Psi * theta
% 令 A = Phi * Psi, 则 y = A * theta
%    现在已知 y 和 A,求 theta
[ y_rows,y_columns ] = size( y) ;
    if y_rows < y_columns
    y = y ';% y should be a column vector
end
[ M,N] = size( A) ;% 传感矩阵 A 为 M * N 矩阵
theta = zeros( N,1) ;% 用来存储恢复的 theta( 列向量)
At = zeros( M,t) ;% 用来迭代过程中存储 A 被选择的列
Pos_theta = zeros( 1,t) ;% 用来迭代过程中存储 A 被选择的列序号
r_n = y;% 初始化残差( residual) 为 y
For ii = 1:t% 迭代 t 次,t 为输入参数
product = A ' * r_n;% 传感矩阵 A 各列与残差的内积
[ val,pos] = max( abs( product)) ;% 找到最大内积绝对值,即与残差最相关的列
At( :,ii) = A( :,pos) ;% 存储这一列
Pos_theta( ii) = pos;% 存储这一列的序号
A( :,pos) = zeros( M,1) ;% 清零 A 的这一列,其实此行可以不要,因为它与残差正交
% y = At( :,1:ii) * theta,以下求 theta 的最小二乘解( Least Square)
theta_ls = ( At( :,1:ii)' * At( :,1:ii))^( -1) * At( :,1:ii)' * y;% 最小二乘解
% At( :,1:ii) * theta_ls 是 y 在 At( :,1:ii)列空间上的正交投影
r_n = y - At( :,1:ii) * theta_ls;% 更新残差
end
theta( Pos_theta) = theta_ls;% 恢复出的 theta
end
```

程序 2

```
clc ; clear
% 观测向量 y 的长度 M = 80,即采样率 M/N = 0.3
N = 512 ;
K = 30 ;                                    % 信号稀疏度为 15
M = 160 ;                                   %
x = zeros( N,1) ;
q = randperm( N) ;
x( q( 1:K) ) = randn( K,1) ;                % 原始信号
% 构造高斯测量矩阵,用以随机采样
Phi = randn( M,N) * sqrt( 1/M) ;
for i = 1:N
    Phi( :,i) = Phi( :,i)/norm( Phi( :,i) ) ;
end
y = Phi * x ;                               % 获得线性测量
% 用 MP 算法开始迭代重构
m = 2 * K ;                                 % 总的迭代次数
r_n = y ;                                   % 残差值初始值
x_find = zeros( N,1) ;                      % x_find 为 MP 算法恢复的信号
for times = 1:m
    for col = 1:N
        neiji( col) = Phi( :,col)' * r_n ;  % 计算当前残差和感知矩阵每一
                                            列的内积

    end
[ val,pos] = max( abs( neiji) ) ;% 找出内积中绝对值最大的元素和它的对应的感知
矩阵的列 pos
        x_find( pos) = x_find( pos) + neiji( pos) ; % 计算新的近似 x_find
        r_n = r_n-neiji( pos) * Phi( :,pos) ;       % 更新残差
    end
figure( 1) ;
hold on ;
plot( x,' - b. ') ;
plot( x_find,' - ro ') ;
legend( ' Original ',' Recovery ')
```

程序 3

```
clear;
Tend = 6; %  信号持续时间 0 - Tend
fs = 200; %  原始波形采样频率
tt1 = 0:1/fs:Tend; %  原始波形采样时间点
N = size(tt1,2); %  采样点数
f1 = 13; %  正弦信号频率
f2 = 5;
f3 = 2;
y1 = cos(2 * pi * f1 * tt1) + cos(2 * pi * f2 * tt1) + cos(2 * pi * f3 * tt1); %  波形
M = 50; %  随机欠采样信号的点数
%%%%%%%  生成随机欠采样位置 %%%%%%%%%%%%%%%%%%%
indexM = fix(rand(1,M) * N);
indexM = sort(indexM);
if (indexM(1) = = 0)
    indexM(1) = 1;
end
    for kk = 1:M - 1
    while(indexM(kk + 1) < = indexM(kk))
        indexM(kk + 1) = indexM(kk + 1) + 1;
    end
    end
    %%%%%%%  生成随机欠采样位置 end %%%%%%%%%%%%%%%%
    y2 = y1(indexM); %  生成欠采样序列
DCT_Matrix = (dct(eye(N))).'; %  生成稀疏变换矩阵 采用 DCT 矩阵
Sense = DCT_Matrix(indexM,:); %  生成对应的测量矩阵
%%%%%%%  OMP 算法恢复
%%%%%%% OMP start %%%%%%%%%%%%%%%%%%%%%%%%%%%%%%%%%%
Aug = [];
corelate = zeros(1,N);
rn = y2';
PHAI_cs = Sense;
yvec_cs = y2.';
K2 = 4; %恢复点数
for kk = 1:K2
```

```
        corelate = PHAI_cs ' * rn;
        [va,pos] = max(abs(corelate));
        Aug = [Aug,PHAI_cs(:,pos)];
        PHAI_cs(:,pos) = zeros(M,1);
        phiy = ((Aug') * Aug)^(-1) * Aug' * yvec_cs;
        rn = yvec_cs - Aug * phiy;
        posarray(kk) = pos;
        waitbar(kk/K2);
    end
    recover_x = zeros(N,1);
    recover_x(posarray) = phiy; % 恢复的稀疏变换后的系数
    %%%%%%%OMP
end%%%%%%%%%%%%%%%%%%%%%%%%%%%%%%%%%%%%%

    recover_x1 = DCT_Matrix * recover_x; % 恢复原始信号

    figure(1);plot((recover_x1));title('恢复信号');
    figure(2);plot(y1); title('原始信号');
    figure(3);plot(y2); title('随机欠采样信号');
```

程序 4

```
function Wavelet_OMP
clc;clear
%   读文件
X = imread('lena256. bmp');
X = double(X);
[a,b] = size(X);
%   小波变换矩阵生成
ww = DWT(a);
%   小波变换让图像稀疏化(注意该步骤会耗费时间,但是会增大稀疏度)
X1 = ww * sparse(X) * ww';
X1 = full(X1);
%   随机矩阵生成
M = 190;
R = randn(M,a);
```

```
%　测量
Y = R * X1;
%　OMP 算法
X2 = zeros(a,b);%　恢复矩阵
for i = 1:b %　列循环
    rec = omp(Y(:,i),R,a);
    X2(:,i) = rec;
end

%　原始图像
figure(1);
imshow(uint8(X));
title('原始图像');

%　变换图像
figure(2);
imshow(uint8(X1));
title('小波变换后的图像');

%　压缩传感恢复的图像
figure(3);
X3 = ww' * sparse(X2) * ww;%　小波反变换
X3 = full(X3);
imshow(uint8(X3));
title('恢复的图像');
%　误差(PSNR)
errorx = sum(sum(abs(X3 - X).^2));    %    MSE 误差
psnr = 10 * log10(255 * 255/(errorx/a/b))    %    PSNR
%　OMP 的函数
%　s - 测量;T - 观测矩阵;N - 向量大小
function hat_y = omp(s,T,N)
Size = size(T);    %　观测矩阵大小
M = Size(1);    %　测量
hat_y = zeros(1,N);    %　待重构的谱域(变换域)向量
Aug_t = [];    %　增量矩阵(初始值为空矩阵)
```

```
    r_n = s;      %    残差值
  for times = 1 : M/4;      %    迭代次数(稀疏度是测量的 1/4)
      for col = 1 : N;      %    恢复矩阵的所有列向量
              product(col) = abs(T(:,col)' * r_n);      %    恢复矩阵的列向量和
残差的投影系数(内积值)
      end
      [val,pos] = max(product);      %    最大投影系数对应的位置
      Aug_t = [Aug_t,T(:,pos)];      %    矩阵扩充
T(:,pos) = zeros(M,1); %    选中的列置零(实质上应该去掉,为了简单把它置零)
      aug_y = (Aug_t' * Aug_t)^(-1) * Aug_t' * s;      %    最小二乘,使残差最小
      r_n = s - Aug_t * aug_y;      %    残差
      pos_array(times) = pos;      %    记录最大投影系数的位置

      if (norm(r_n) < 9)      %    残差足够小
          break;
      end
  end
  hat_y(pos_array) = aug_y;      %    重构的向量
```

8 基于无线传感器网络的压缩感知及数据融合技术

8.1 概述

随着无线传感器网络（wireless sensor networks，WSN）技术的快速发展，数据融合技术成为了当前热门的研究领域之一。近些年，数据融合技术的研究主要针对多传感器间的少量数据融合，且融合的初始步骤都是简单的数据校正[1]。随着复杂工业和其他各领域的拓展，监测环境中多传感器采集的原始数据量剧增，致使传统的数据融合方法已不能满足研究者的需要，本章提出了在 WSN 的底层对数据进行压缩，在各个节点处进行分层融合的思想。

本章以监测钨矿井下巷道的环境状况为研究背景。在井下巷道分区部署大量传感器节点，通过分布式与集中式压缩感知方法对采集的温度、湿度和 CO_2 大量数据进行大幅度压缩，然后在簇头处利用改进后的算法进行数据融合，最后利用基于集中式的模糊 c 聚类算法在汇聚节点处进行数据的实时融合，并且利用最终的融合结果来综合评估钨矿井下巷道环境与人的舒适度的状况。

8.2 数据融合的作用

数据融合在 WSN 技术中起着非常重要的作用，其主要表现在可对整个网络能量进行有效节省，并对采集数据时的准确性进行有效增强以及提高数据收集的效率[2]。

（1）节省能量。数据融合就是对采集信息冗余量进行网内处理，降低数据的传输量，达到有效地节省网络的能耗的目的。

（2）获取更准确的信息。由于传感器节点配置精度较低，整个传感器网络的无线通信机制在传输数据时容易遭受干扰而导致局部网络破坏等原因[3]，因此需要在监测区域部署大量的传感器节点来有效提高所获得信息的精度和可信度。而数据融合通常需要这些采集信息的局部参与，这样使得局部信息融合比集中数据融合有更多的优势。

（3）提高数据收集效率。在网内进行数据融合，可以在某种程度上提高网络收集数据的整体效率。数据融合减少了需要传输的数据量，可以减轻网络的传输拥塞，降低数据的传输延迟[4]。

8.3 多源传感器数据融合

8.3.1 多源传感器数据融合的基础知识

多源传感器数据融合（multi-sensor data fusion）最早兴起于军事方面。在20世纪80年代，美国国防部的 JDE（Joint Directors of Laboratories）把传感器的数据融合技术作为至关重要的技术，并组建了关于数据融合小组的指导委员会，将研究成果首先运用在了军事方面[5]。在海湾战争中，传感器数据融合技术成功地运用在 C³I（command，control，communication，integration）系统中，增强了决策、指挥和作战的能力，并且提升了各种武器系统的战术和技术[6]。20世纪90年代初，美国国防部颁布了"国防部关键技术计划"，此项技术被列为20项关键技术之一。1987年，英国协同联邦德国等欧洲国家研制出"炮兵智能数据融合示范系统"[7]。日本在1990年成立了"传感器综合和融合技术委员会"。这些数据融合系统采用的传感器包括雷达、红外、激光、可见光传感器和声音传感器等，通过各种算法解决态势评估和威胁评估技术问题[7]。与其他发达国家相比，我国的数据融合技术发展较晚。我国已开始研究数据融合理论方法和技术的实现，将传感器数据融合技术用于检测、控制、模式识别、故障诊断和导航等领域。

WSN 数据融合技术的研究重点包括以下三个方面：路由协议、数据融合算法和数据表示。WSN 采用融合技术的目的是对感知数据做采集与处理，并将处理后的数据传送到基站。

WSN 数据传输主要有以下四种数据的传输模型[8]：

（1）直接传输模型。传感器的节点把监测到的数据直接传送到 sink 节点，如图 8-1（a）所示。

（2）分簇的数据传输模型。簇内的节点把监测到的数据传送到簇头，然后簇头节点把监测到的数据进一步计算后传送给上一级的簇头直到传送给 sink 节点，如图 8-1（b）所示。

（3）平面 Ad-hoc 数据传输模型。传感器节点监测到的数据经过多跳路由传输到 sink 节点，然后把数据处理后再传送，如图 8-1（c）所示。

（4）移动 sink 模型。借助 sink 节点的随机运动来平衡对于传感器节点的能量消耗，如图 8-1（d）所示。

8.3.2 多传感器数据融合的优势

多传感器数据融合是一种对数据综合处理的方式，其主要作用是预测现实环境中某一方面的情况。通过多传感器的数据融合，辅助系统做出合理的决策，进而提升无线传感器网络的各项性能指标。一般情况下，多源数据融合会比单源数

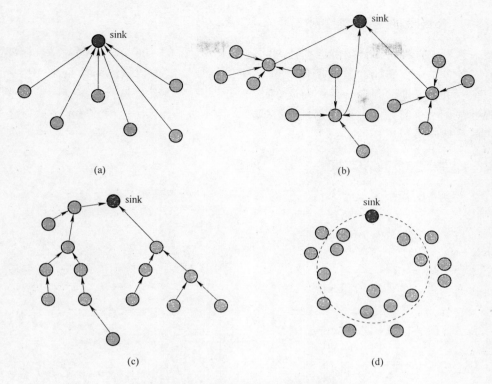

图 8-1 无线传感器网络数据传输方式

（a）直接传输模型；（b）分簇的数据传输模型；（c）平面 Ad-hoc 数据传输模型；（d）移动 sink 模型

据融合有更强的优势[9]。

（1）增强系统的检测性能。不同传感器的数据信息不同，数据融合就是综合不同传感器的优点，整体分析待测参数，从而提升系统的检测能力。

（2）增强系统的可信度。一个传感器检测的结果可以结合其他传感器加以确认，可以提高探测信息的精确度。

（3）增强系统鲁棒性和可靠性。融合多源的信息数据，使得系统不仅具有一定的鲁棒性，而且具有很好的故障容错能力。

（4）数据精度更精确。大幅降低数据的不确定性和模糊性，将多个独立工作的不同传感器采集的数据进行合理融合，提高了数据的精度并且降低了数据的不确定性和模糊性。

（5）可以扩展系统的时空覆盖能力。通过不同的传感器在时间和空间上对数据的探测能力的互补和融合，可以扩展其时空覆盖能力。

（6）降低系统的成本。随着网络、通信和计算成本的降低，一般来说，构建一个多传感器系统比构建一个信息源的系统的成本更低。

8.3.3　多传感器多源数据融合模型

模型的选择是多传感器数据处理问题中十分重要的一部分。数据的融合模型有三种：结构、功能和数学模型[10]。其中结构模型结合数据流与信息流的相关信息，可很好地诠释融合系统的运作方式，还可与外界环境进行数据交换；功能模型根据融合的方向进行研究；数学模型是对数据融合算法运用数学的方式及逻辑的整体性进行展现的。

8.3.4　数据融合的结构模型

就现有的模型来说，多传感器的多源数据融合主要可以分为以下三种基本结构[11]：

（1）直接融合结构模型，结构如图 8-2 所示。

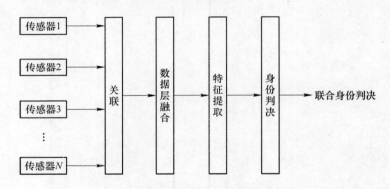

图 8-2　直接融合传感器数据结构模型

（2）从传感器节点的数据中提取特征向量，并在特征级融合结构模型，如图 8-3 所示。

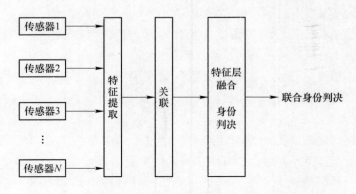

图 8-3　特征级融合结构模型

（3）对所有的节点数据进行计算，得到更精确的推论，最后在判定级进行数据的融合，结构如图 8-4 所示。

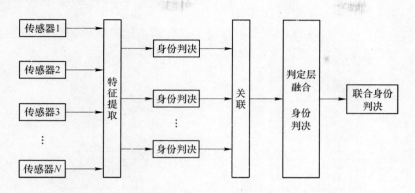

图 8-4 判定级融合结构模型

8.3.5 数据融合的功能模型

8.3.5.1 六级功能分类模型

根据输入数据的融合以及输出结果方式的不同，研究人员提出了许多数据融合功能模型，并将数据融合的种类划分为不同级别。数据融合级别的划分规则综合了五级分类模型与四级分类模型的优点，研究人员给出了六级分类模型[12]。图 8-5 所示为数据融合系统的六级功能分类模型简化框图。其中，数据融合功能级别主要分为第零级（信息源预处理）、第一级（检测级融合）、第二级（位置级融合）、第三级（目标识别级融合）、第四级（态势估计）、第五级（威胁估计）及第六级（精细处理）。

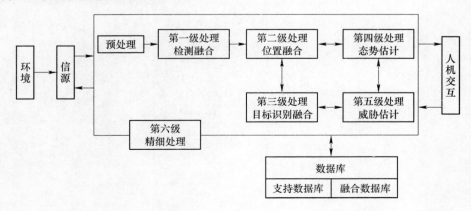

图 8-5 数据融合系统的六级功能分类模型简化框图

8.3.5.2　多功能模型

多功能模型（omnibus）是混合模型的一种，把情报环与 Boyd 控制回路等进行了结合，而且还参照了瀑布模型中的定义。在多功能模型中，数据的融合动作对应的位置是很容易确定的[13]。如图 8-6 所示。

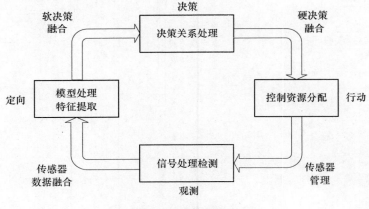

图 8-6　多功能模型

多传感器数据融合 MSDF（multi-sensor data fusion）技术主要的应用是对在监测环境中的多源不确定性数据进行有效地处理与研究。根据多传感器节点对采集的多层次性与多级别性的数据进行有效的技术融合，此融合技术增强了在传输数据时的可靠性与能够准确描述环境的能力，从而产生研究者需要的、有意义的数据信息。

8.4　数据的压缩、重构及仿真结果的数据分析

本节以钨矿井下的环境为背景，用大量传感器节点对钨矿井下巷道进行温度、湿度、CO_2 浓度等指标的分区监测，在每个监测区域内随机安置大量的传感器节点，节点的实物图如图 8-7 所示。

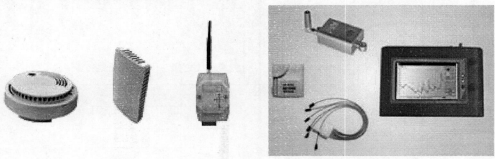

图 8-7　钨矿井下巷道里部署的温度传感器节点

现以温度作为监测指标，在传感器节点处每隔 5s 采集一次数据，一共记录 16167 个采样数据，并以这些数据为例进行数据压缩。

MATLAB 的仿真结果如图 8-8 所示。

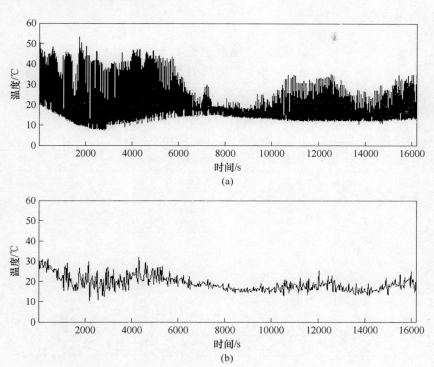

图 8-8　巷道内传感器节点采集温度数据压缩和重构仿真图

（a）原始信号；（b）联合稀疏模型数据压缩重构

8.4.1　压缩率分析

本章主要针对传感器节点在底层采集的大量数据进行有效压缩，上述压缩仿真过程中，原始信号是对巷道内的某温度区域每隔 1s 记录一次，而联合稀疏模型压缩重构图中的数据是在原始信号的基础上每隔 1s 进行一次采集压缩。从重构图中可以看出压缩后的数据能够很好地反映原始信号的温度变化趋势。具体的压缩率如式（8-1）所示[14~17]：

$$\zeta = \frac{s-c}{s} \times 100\% \qquad (8-1)$$

式中　s——总的压缩数据；

c——错误的压缩数据。

根据上述分析，利用压缩感知的方法计算某区域内传感器节点的 16167 个温

度数据压缩率为:

$$\zeta = \frac{16167 - 3233}{16167} \times 100\% = 80\%$$

8.4.2 数据分析

由上述分析,采用本章的方法压缩数据不仅可以很好地恢复原始温度的变化趋势,而且数据的压缩量极为可观。下面给出本次压缩前的 100 个温度有效数据和对应的压缩后的 20 个数据。具体数据见表 8-1 和表 8-2。程序代码见本章附件程序 1。

表 8-1　巷道某区域内单个传感器节点采集的原始温度值（100 个、保留两位小数）

21.07	20.77	34.49	23.01	20.30	22.90	20.42	23.13	20.41	23.35
24.43	24.04	20.61	20.17	23.80	24.18	23.62	19.85	20.29	20.19
20.52	22.29	24.33	23.83	22.83	23.19	23.66	24.17	19.86	24.22
19.77	20.25	23.72	33.34	19.86	23.81	20.06	19.56	19.73	19.57
23.44	29.69	22.71	23.12	22.87	21.23	24.55	49.35	23.21	32.94
32.41	29.32	23.69	23.93	42.42	22.24	19.13	22.32	28.73	22.86
22.54	22.81	23.15	22.33	22.55	18.70	23.15	45.68	22.63	21.91
29.08	41.89	38.81	32.09	23.49	28.53	20.79	22.00	21.73	18.77
28.50	22.34	22.22	18.56	18.33	21.73	21.98	21.31	20.09	26.92
21.00	22.26	20.03	21.92	21.43	22.04	17.93	30.02	19.52	30.95

表 8-2　原始温度值经压缩后的数据（20 个、保留两位小数）

21.60	20.83	21.00	22.89	22.09	22.35	22.62	23.28	24.65	21.00
22.08	21.58	21.83	23.22	21.75	21.35	20.75	22.54	26.65	20.32

采用同样的方法对湿度和 CO_2 浓度在区域内的传感器节点采集数据进行压缩重构,其中对湿度进行 16167 个数据处理,对 CO_2 浓度进行 16167 个数据处理。仿真图如图 8-9 和图 8-10 所示,湿度和 CO_2 浓度压缩前后的部分数据表见表 8-3 ~ 表 8-6。

表 8-3　巷道某区域内单个传感器节点采集的原始湿度值（100 个,保留两位小数）

10.95	12.78	14.99	14.94	10.72	14.83	13.97	14.84	14.29	14.77
10.95	12.78	14.99	14.88	10.72	14.83	13.97	14.84	14.29	14.77
10.57	13.66	19.45	14.50	13.52	19.83	13.35	13.19	19.04	12.97
10.29	19.65	13.30	12.30	13.75	19.96	12.79	13.12	10.87	19.37
18.90	12.61	12.71	12.81	19.82	11.52	19.57	11.95	13.03	19.42

19. 70	13. 09	18. 99	13. 38	12. 30	13. 45	16. 16	12. 67	18. 97	19. 51
18. 33	18. 00	18. 85	15. 23	18. 69	16. 06	18. 86	18. 93	12. 10	10. 86
15. 08	18. 56	16. 57	12. 51	11. 43	18. 69	15. 63	12. 73	12. 90	11. 90
18. 01	20. 64	10. 38	12. 11	11. 50	11. 33	20. 94	11. 18	12. 23	10. 22
10. 11	20. 06	18. 28	17. 65	11. 11	19. 37	11. 94	17. 37	14. 05	18. 04

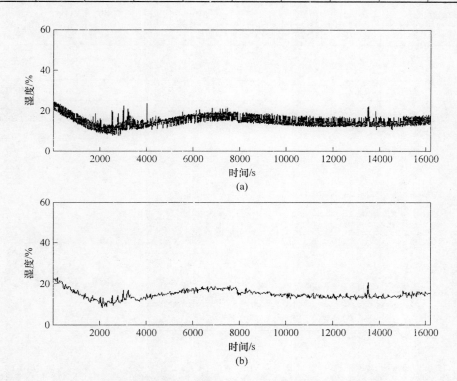

图 8-9 巷道内传感器节点采集湿度数据压缩和重构仿真图

（a）原始信号；（b）联合稀疏模型数据压缩重构

表 8-4 原始湿度值经压缩后的数据（20 个、保留两位小数）

| 13. 65 | 12. 63 | 16. 18 | 13. 30 | 14. 35 | 14. 15 | 14. 36 | 14. 48 | 13. 60 | 12. 69 |
| 11. 64 | 13. 30 | 10. 60 | 12. 15 | 11. 35 | 11. 65 | 13. 27 | 13. 07 | 13. 00 | 11. 00 |

表 8-5 巷道某区域内单个传感器节点采集的原始 CO_2（100 个）

22. 21	20. 04	25. 68	20. 17	29. 85	25. 78	20. 65	25. 51	36. 56	27. 43
20. 93	28. 32	30. 14	20. 55	27. 84	35. 10	24. 19	27. 63	27. 78	29. 23
20. 29	30. 30	30. 51	20. 27	28. 58	33. 4	20. 17	25. 90	35. 26	34. 47

续表 8-5

26.02	20.21	20.56	26.44	26.83	23.61	20.32	30.61	26.53	27.90
30.96	21.15	30.42	28.74	28.29	27.65	24.92	20.37	31.57	28.40
30.08	20.45	20.16	27.28	20.27	18.31	20.64	28.07	25.37	26.44
20.42	18.87	21.02	25.16	31.41	20.75	20.82	31.40	27.45	27.26
21.36	19.27	30.29	28.80	27.19	21.25	17.59	30.08	31.47	28.87
20.10	31.12	20.82	26.25	26.25	20.34	19.38	26.49	33.10	29.82
20.73	30.89	21.66	31.20	29.29	30.98	26.76	34.47	33.33	29.90

表 8-6 原始 CO_2 经压缩后的数据（20 个、保留两位小数）

15.63	22.52	23.25	22.86	18.52	23.23	22.85	21.35	21.18	20.85
19.2	20.75	20.22	21.84	19.04	21.93	21.74	20.72	21.15	23.22

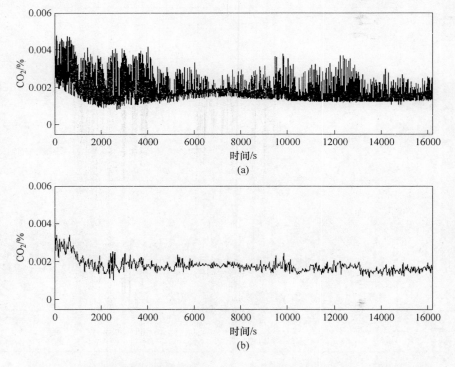

图 8-10 巷道内传感器节点采集 CO_2 浓度数据压缩和重构仿真图

（a）原始信号；（b）联合稀疏模型数据压缩重构

采用压缩感知理论中联合稀疏模型的方法，实现了对无线传感器网络底层节点处采集数据的目的，并提出了基于块稀疏系数模型重构的压缩感知方法。通过仿真表明，当原始数据波动较大时，采样频率会自动增加，采样的点数会增多；而当数据波动较小时，采样数据间隔会变大，压缩率可达80%。

8.5　基于联合稀疏模型的分布式压缩算法

8.5.1　两级压缩感知算法

在监测钨矿井下巷道内环境参数时，要在很多个区域监测同一参数，且在同一区域内需要随机安置大量传感器节点进行监测。分布式压缩感知算法（DCS算法）能够把具有联合稀疏模型的数据信号进行压缩，并且压缩后的图像效果好于CS的效果。在现实的无线传感器网络中，分布式压缩感知算法是对所有传感器节点的数据进行单独的编码，没有很好地利用分布式压缩感知数据的联合稀疏模型，所以没有办法确定其他传感器节点的数据信号是否都具有一样的系数模型。因而，为了确保能很好地恢复出原始信号，各个传感器节点需要依据自己的稀疏向量 $\boldsymbol{\alpha}_l$ 中的非零项的个数，即（$K_c + K_l$）个项数去使从 sink 节点传送的测量数量最少。如果存在矩阵为高斯的随机矩阵时，满足恢复原始数据的条件是传感器的节点要向 sink 节点传送 $M_J = c(K_c + K_J)$ 个数据（c 为采样因子）。本章主要研究分簇的网络模型，即在簇头对数据进行压缩与融合之后再传送到 sink 节点。

分布式协作检测处理的分级模型图如图8-11所示。

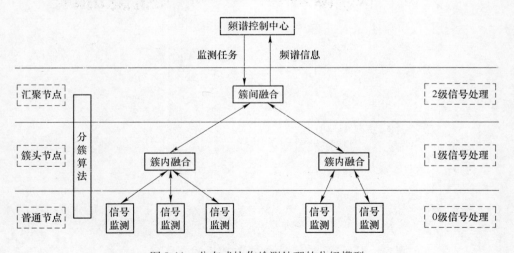

图8-11　分布式协作检测处理的分级模型

8.5.2　分布式稀疏随机投影算法的基础知识

分布式稀疏随机投影（Distributed Sparse Random Projection，DSRP）算法[18-20]的功能是通过传感矩阵对稀疏矩阵 $\boldsymbol{A}$ 降低网络的信息传送量。信息收集的具体流程如图8-12所示。

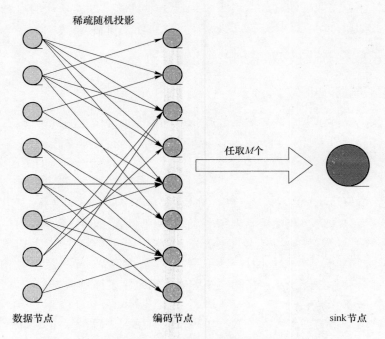

稀疏随机投影

数据节点　　　　　　　编码节点　　　　　　　　sink节点

图 8-12　DSRP 算法数据收集流程

传感矩阵 A 的值需要满足的公式如下[21]：

$$a_{ij} = \sqrt{S}\begin{cases} +1 & \text{概率为 } 1/(2\times S) \\ 0 & \text{概率为 } 1-1/S \\ -1 & \text{概率为 } 1/(2\times S) \end{cases} \qquad (8\text{-}2)$$

式中　S——稀疏矩阵的稀疏度。

文献［21］表明：当感知的数据 $X \in R^N$ 满足 $\|X\|_\infty / \|X\|_2 \leqslant L$ 时，需测量的总次数为 $M_{\text{sparse}} = O(SL^2 K^2 \log N)$ 时，可以重构出原始信号（$1/S$ 是非零项的概率，L 是峰值能量比）。

在无线传感器网络中，假设有 N 个传感器节点，令第 i 个传感器节点对应的表达方式是 $x_i(i=1,2,\cdots,N)$，即感知数据的集合为 $\{x_1, \cdots, x_i, \cdots, x_N\}$。

（1）考虑在传感器节点处的感知数据的随机投影系数，由传感器节点的序号，在传感器节点 j 处，随机生成一组集合 $\{a_{1,j}, a_{2,j}, \cdots, a_{n,j}\}$。如果随机数 $a_{1,j}$ 为零，就说明传感器节点不需要传输的数据传输到编码节点 i；如果随机数 $a_{1,j}$ 不是零，那么传感器节点就会传输投影的数据 $a_{i,j}x_j$ 到编码的节点 i。

（2）反复重复上述（1）的过程，$1 \leqslant j \leqslant N$，当传感器网络内的所有的节点都随机投影后，都传送给编码节点 i。

（3）在编码节点 i 处收到投影系数，然后把这些投影系数求和，得到求和后的值 $y_i = \sum_{j=1}^{N} a_{i,j} x_j$。

（4）反复重复上述（3）的过程，$1 \leqslant i \leqslant N$，一直到所有的编码节点把收到的投影系数进行求和。

（5）在传感器网络处，对数据收集的时候，sink 节点可以选择任意的 M 个编码节点数据进行重构，如果重构后的误差差距很大，则通过增加查询编码节点的数量来降低重构的误差。

8.5.3 分布式稀疏随机投影的改进算法

根据分布式稀疏随机投影算法可以知道，当无线传感器网络的数据被收集时，在 sink 节点处，通过查询网络中的随机 M 个数据，并对其进行数据恢复，便可实现把原始数据压缩编码的目的。但不足的地方是此算法没有考虑传输能耗的性能问题，也就是没有考虑网络内节点的编码所产生的能耗。但是即使考虑这些因素，此算法还有以下几点不足：

（1）此方案需要在传感器节点 j 处将它们与网络中其他 $N-1$ 个节点直接相连接，进行通信。当无线传感器网络的规模变得更大时，节点处的传输能耗会立刻大幅度增加。

（2）当考虑数据恢复时，运用恢复算法需要 M 个编码节点，通过 M 个编码节点上的数据去恢复出原始信息，而在网络的内部编码时，此算法只传送了 N 个节点的系数，也就是说在编码节点上有 $N-M$ 个数据是没有被利用的，即扔掉了 $N-M$ 个节点上的数据，所以使能量有很大的浪费。

8.5.4 改进算法的网络模型选择与数据处理

无线传感器网络中分簇机制的优点有：

（1）簇头与成员节点之间的通信距离比较短，在一定的条件下，需要用分簇协议去监测成员节点，这样可以把成员节点与簇头的通信连通后进入休眠的状态，大大地减弱侦听空间时对能量的消耗。

（2）对于成员节点而言，其功能是相对比较简单的，簇成员可以不用知道簇头间的信息。构造一个高层的联通网络可以通过使用路由间的信息进行，这样便可以实现在较长距离下的路由数据的转发，并且更有效地减少路由维护时的能量消耗。

（3）在簇头节点处，可以收集很多成员节点上的数据，这样便可以对簇头节点处的数据进行有效压缩[22]。

8.5.4.1　基于置信域的数据校准

在矿井巷道内各区域部署的传感器节点比较稠密，且传感器节点受环境的恶劣程度、自身能量以及精度等的限制，在采集数据过程中会出现故障或因能量耗损而失效，导致部分数据出错等问题。因此，为得到与真实值相近的结果，必须对错误数据进行剔除，对来自同一区域的各压缩数据在簇头内进行预先的校准，以获得更加准确的数据。本章提出以落在最优置信域内的数据为准，其余数据一律剔除。

将某区域所有节点在 t 时刻的压缩数据 $Y_i(t)(i=1,2,\cdots,n)$ 投影到实数轴上，观测数据 $s_i(t)$、$s_j(1)$ 的绝对距离为 $disy(1)$：

$$dis_{ij}(t) = |s_i(t) - s_j(t)| \tag{8-3}$$

t 时刻观测数据 $s_i(t)$ 与所有观测值的距离平均值为 $d_i(t)$，且所有观测数据之间的平均距离为：

$$d_i(t) = \sum_{j=1}^{n} d_i s_{i,j}(t) \tag{8-4}$$

$$\overline{d_i(t)} = \sum_{i=1}^{n} d_i(t) \tag{8-5}$$

所有落在真值 X 附近邻域的有效观测数据组成的集合为 $\complement$，若其满足式（8-6）所示的条件：

$$\begin{cases} d_i(t) < \overline{d(t)} & (\forall s_i(t) \in \complement) \\ d_i(t) \geq \overline{d(t)} & (\forall s_i(t) \notin \complement) \end{cases} \tag{8-6}$$

则称集合 $\complement$ 为最优融合集，集合 $\complement$ 中元素的个数为最优置信数。

传感器输出的压缩数据的平均贴近程度如式（8-7）所示：

$$PJ_{(i)}(k) = \frac{1}{n-1} \sum_{j=1, j \neq i}^{n} \mu_{ij}(k) \tag{8-7}$$

将其归一化处理后，得到相对贴近程度：

$$XPJ_{(i)}(k) = \frac{PJ_{(i)}(k)}{\sum_{i=1}^{n} PJ_{(i)}(k)} \tag{8-8}$$

8.5.4.2　各传感器的相对复合权重

在传感器实际应用中，除了考虑压缩数据的相互贴近度，还要考虑在同一区域各个传感器所占的权重。针对特定的环境，可以根据传感器在区域分布的差异和重要程度，赋予不同比例的权重。就目前的研究来看，传感器相对权重大部分是根据经验来分配的，稳定性较好、可靠性较高的传感器赋予的权重较大。一般而言，用 $\omega_i(k)$ 代表相对权重，用 δ_i 代表第 i 个传感器权重，经归一化处理后

各个传感器之间的相对权重为:

$$\omega_i(k) = \frac{\delta_i(k)}{\sum\limits_{i=1}^{n} \delta_i(k)} \qquad i = 1, 2, \cdots, n \qquad (8\text{-}9)$$

且各传感器的权系数应满足:

$$\sum_{i=1}^{n} \delta_i(k) = 1 \qquad 0 \leqslant \delta_i(k) \leqslant 1 \qquad (8\text{-}10)$$

但在实际中,若有4个传感器(编号为1,2,3,4)对某区域的空气质量是否为优进行实时评估,各传感器对命题的支持程度分别为 κ_1, κ_2, κ_3, κ_4, 已知 $\kappa_1 = \kappa_3$, $\kappa_2 = \kappa_4$, 且4个传感器的权重关系为 $\kappa_1 > \kappa_2$, $\kappa_3 = \kappa_4$, 即3与4传感器的贴近程度一样,但根据实际情况分析可知,权重较大的传感器1对传感器3的贴近度贡献更大,权重较小的传感器2对传感器4的贴近度贡献更大。尽管传感器3与4的贴近程度和相对权重一致,但是传感器3对同类压缩数据融合的结果影响比传感器4更大,这说明了权重较大的两个传感器之间的贴近程度对数据融合的影响要比两个权重较小的传感器之间的贴近程度更大。由此可以看出,根据经验分配权重具有一定的主观性,即哪个传感器较稳定,哪个传感器较可靠,都是很难精确度量的。因此,在同类数据融合时,仅考虑传感器的贴近度和相对权重是不够的。为此,本章提出相对复合权重分配方案。

设传感器 i 和 j 的贴近度为 $\mu_{ij}(k)$, 且传感器 j 的权重为 $\delta_j(k)(j=1, 2, \cdots, n)$, 则传感器 i 的平均加权贴近度为:

$$JQD_{(i)}(k) = \frac{1}{n-1} \sum_{j=1, j\neq i}^{n} \delta_i(k)\mu_{ij}(k) \qquad (8\text{-}11)$$

将 $JQD_{(i)}(k)$ 归一化处理得到传感器 i 的相对加权贴近度:

$$XDTJD_{(i)}(k) = \frac{JQD_{(i)}(k)}{\sum\limits_{i=1}^{n} JQD_{(i)}(k)} \qquad (8\text{-}12)$$

分析可知,传感器相对加权贴近程度越大,说明其与权重较大的传感器对模糊命题的支持度越高,否则相反。

8.5.4.3 融合结果

综上所述,将各因素对融合结果的影响表示为:

$$RH(i) = \alpha_1 XPJ_{(i)}(k) + \alpha_2 \omega_i + \alpha_3 XDTJD_{(i)}(k) \qquad (8\text{-}13)$$

式中,α_1, α_2, $\alpha_3 \in (0, 1)$, 且 $\alpha_1 + \alpha_2 + \alpha_3 = 1$。根据实际情况:

(1)若只考虑权重影响融合结果,而不考虑相互间的贴近度,则令 $\alpha_1 = 1$。

(2)若根据经验各传感器的权重分配相等,融合结果只受各传感器之间的贴近度影响,则令 $\alpha_1 = 0$。

（3）若认为传感器权重比贴近度更重要，则令 $\alpha_2 > \alpha_1$；反之，令 $\alpha_2 < \alpha_1$。最终融合结果表示为：

$$\chi(k) = \sum_{i=1}^{n} RH_{(i)} x_i(k) \tag{8-14}$$

8.5.5　数据仿真处理与分析

本节将钨矿井下巷道区域共分为三种，其中各测温区内传感器节点的编号为 A，B，C，…，H，各测湿区内传感器节点的编号为 Ⅰ，Ⅱ，Ⅲ，…，Ⅷ，各测 CO_2 区内传感器节点的编号为 1，2，3，…，8。下面以巷道内特定区域 A 为主要研究对象进行数据处理，区域 A 内随机部署 8 个传感器节点，k 时刻 A 区的压缩数据经最优置信域数据校准后，结果见表 8-7。

表 8-7　区域 A 内各传感器节点校准数据

区域编号	校准后的温度值压缩数据					
A	20.50	21.61	24.71	21.83	23.94	22.05

根据式（8-10）和式（8-11），第 i 个传感器与其他传感器输出的压缩数据的相对贴近程度为：

$$XPJ_{(1)}(k) = 0.166, \ XPJ_{(2)}(k) = 0.167, \ XPJ_{(3)}(k) = 0.167$$
$$XPJ_{(4)}(k) = 0.167, \ XPJ_{(5)}(k) = 0.167, \ XPJ_{(6)}(k) = 0.166$$

根据巷道的实际情况，区域 A 内第 i 个传感器权重 δ_i 为：

$$\delta_1(k) = 0.12, \ \delta_2(k) = 0.08, \ \delta_3(k) = 0.25$$
$$\delta_4(k) = 0.3, \ \delta_5(k) = 0.15, \ \delta_6(k) = 0.1$$

经归一化处理后各个传感器之间的相对权重为：

$$\omega_1(k) = 0.12, \ \omega_2(k) = 0.08, \ \omega_3(k) = 0.25$$
$$\omega_4(k) = 0.3, \ \omega_5(k) = 0.15, \ \omega_6(k) = 0.1$$

根据巷道实际情况认为传感器贴近度比权重更重要，现取 $\alpha_1 = 0.35$，$\alpha_2 = 0.5$，$\alpha_3 = 0.15$。因此由式（8-13）和式（8-14）计算融合结果为 $\chi(k) = 21.78$。程序代码见本章附件程序 2。

巷道内 A 区域内同类传感器节点的压缩数据在簇头的融合结果见表 8-8。

表 8-8　区域 A 内各传感器节点融合结果

区域编号	校准后的温度值压缩数据						融合结果
A	21.50	22.61	23.71	20.83	21.94	22.05	22.11

采用同样的步骤，将巷道内所有温度、湿度、CO_2 的同类压缩数据在簇头内融合，结果见表 8-9 ~ 表 8-11。

表 8-9 基于贴近度的温度数据融合 ($\alpha_1 = 0.35$, $\alpha_2 = 0.5$, $\alpha_3 = 0.15$)

区域编号	校准后的温度值压缩数据						融合结果
A	21.50	21.61	21.71	21.83	21.94	22.05	21.78
B	21.99	21.91	21.89	22.09	22.35	22.50	22.06
C	22.62	22.72	22.28	21.97	21.65	21.31	22.12
D	21.20	21.00	20.85	20.74	20.08	21.40	20.95
E	21.58	21.70	21.83	21.47	21.15	21.00	21.52
F	21.30	21.60	21.75	21.88	21.53	21.25	21.56
G	21.03	20.75	20.50	20.40	20.33	20.50	20.52
H	20.72	20.80	20.72	20.65	20.62	20.60	20.68

表 8-10 基于贴近度的湿度数据融合 ($\alpha_1 = 0.35$, $\alpha_2 = 0.5$, $\alpha_3 = 0.15$)

区域编号	校准后的湿度值压缩数据						融合结果
I	23.65	26.63	26.18	25.30	24.35	25.15	25.23
II	25.36	24.48	23.60	22.69	21.64	21.30	23.14
III	20.60	22.15	21.35	21.65	23.27	24.07	21.99
IV	18.53	19.32	20.43	21.32	20.42	19.34	19.88
V	18.62	20.38	21.43	19.29	18.64	19.70	19.51
VI	20.35	16.47	14.60	18.42	20.40	21.25	19.06
VII	18.43	16.32	15.35	17.62	18.60	17.73	17.62
VIII	17.18	16.52	16.33	16.54	16.49	13.58	16.54

表 8-11 基于贴近度的 CO_2 数据融合 ($\alpha_1 = 0.35$, $\alpha_2 = 0.5$, $\alpha_3 = 0.15$)

区域编号	校准后的 CO_2 压缩数据						融合结果
1	21.63	22.52	23.25	22.86	20.52	20.23	21.97
2	20.85	21.35	21.15	20.85	21.2	20.75	21.02
3	20.22	20.84	21.04	20.93	20.74	20.72	20.81
4	21.15	23.22	24.37	25.32	26.34	23.54	24.06
5	20.50	20.40	21.45	20.82	20.55	21.24	20.75
6	21.60	21.21	20.62	20.84	21.24	20.60	21.00
7	20.67	21.12	21.20	20.45	20.96	21.35	21.02
8	22.28	22.67	22.12	21.74	21.62	21.71	21.97

　　根据对以上数据的分析，对于温度的数值融合后的取值与之前采集的数据模拟出误差曲线，如图 8-13 所示。

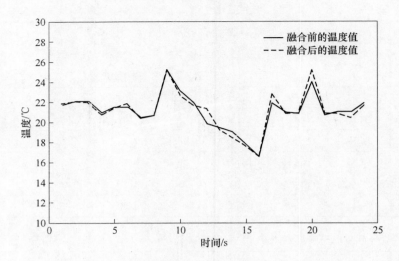

图 8-13   温度数值融合后与融合前的误差比较图

由图 8-13 可以看出，采取此方法的融合效果相对比较准确，接近原始数据。

本节主要基于联合稀疏模型对数据进行的压缩。在考虑 WSN 应用 DCS 理论时，传输的数据量只由传感器节点自己来进行控制，基于此限制提出了两级压缩感知的算法。在此算法中，充分利用了联合稀疏的性质，通过联合稀疏特性对数据进行两次压缩，这样可以大大降低传感器网络内部节点传输的数据量，因此，可以很好地减少网络传输的能量。最后，通过运用理论分析再结合 MATLAB 仿真，得出了此算法可以很好地节省能量空间。

8.6   基于集中式的数据压缩算法

8.6.1   集中式压缩算法描述

令第 i 个传感器节点的数据为 x_i，则全网络的所有传感器节点在 T 时候的感知数据集合可以表示为 $X = [x_1, x_2, \cdots, x_N]^\mathrm{T}$。由压缩感知原理：$Y = AX = \phi\psi^\mathrm{T}X$，可得：

$$
\begin{bmatrix} y_1 \\ y_2 \\ \vdots \\ y_M \end{bmatrix} = \begin{bmatrix} a_{11} & a_{12} & \cdots & a_{1N} \\ a_{21} & a_{22} & \cdots & a_{2N} \\ \vdots & \vdots & \ddots & \vdots \\ a_{M1} & a_{M2} & \cdots & a_{MN} \end{bmatrix} \begin{bmatrix} x_1 \\ x_2 \\ \vdots \\ x_N \end{bmatrix}
\tag{8-15}
$$

式中 a_{ij}——矩阵 A 的元素。

根据式（8-15）得：

$$y_i = \sum_{j=1}^{N} a_{ij}x_j \qquad (8\text{-}16)$$

分布式稀疏投影算法根据式（8-16）进行投影，在第 i 个编码节点处得到投影数据 y_i，而且可以直接选取 M 个节点进行恢复。而在集中式算法中，对式（8-16）做了变化。首先，把第 i 处节点数据 x_i 透射到矩阵 $\boldsymbol{A}$ 上，得：

$$y_i^* = [a_{1i}, a_{2i}, \cdots, a_{Mi}]^{\mathrm{T}}(x_i) \qquad (8\text{-}17)$$

在 sink 节点处，对网络内的所有投影数据进行求和运算，得：

$$Y = \sum_{i=1}^{N} y = \begin{bmatrix} a_{11}x_1 + a_{12}x_2 + \cdots + a_{1N}x_N \\ a_{21}x_1 + a_{22}x_2 + \cdots + a_{2N}x_N \\ \vdots \\ a_{M1}x_1 + a_{M2}x_2 + \cdots + a_{MN}x_N \end{bmatrix} = \begin{bmatrix} y_1 \\ y_2 \\ \vdots \\ y_M \end{bmatrix} \qquad (8\text{-}18)$$

8.6.2 选择传感器矩阵

压缩感知在无线传感器网络的数据压缩领域取得了一些成果。根据无线传感器网络应用场景复杂特性，在不同的应用场景下，无线传感器网络采集的数据会对应到自己的稀疏结构，所以得到的感知数据的稀疏转换基各不相同。E. J. Candes 与 T. Tao 通过研究证明了高斯随机矩阵具有与多数部分固定正交基都不相关的优势。在 WSN 中，想要减少传感器传输节点的数据量，就要对收集的数据进行转换，但是不需要通过原始信号 $\boldsymbol{X}$ 将稀疏矩阵 $\boldsymbol{\psi}$ 转换成 $\boldsymbol{\alpha}$，只需要了解原始信号 $\boldsymbol{X}$ 对应的稀疏基 $\boldsymbol{\psi}$ 就好。当在 sink 节点处时，就可以通过稀疏矩阵 $\boldsymbol{\psi}$ 对数据进行恢复。当矩阵是高斯矩阵的情况下，可以凭借很高的概率符合 RIP 规则，所以，本节采用高斯随机矩阵作为传感矩阵。

8.6.3 集中式压缩感知算法的模型分析

8.6.3.1 网络模型

此无线传感器网络是由 sink 节点与 N 个传感器节点共同构成的，该网络模型如图 8-14 所示。

假设：

（1）先放置好 sink 节点与传感器节点，然后将其固定，使节点距离无线传感器网络的监测范围域很远；

（2）sink 节点与所有的传感器网络内节点都可以相连，发射功率的大小由节点与监测范围之间的距离的调节来确定；

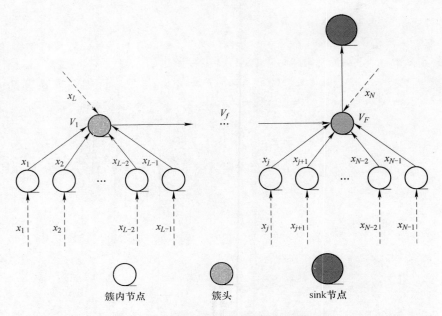

图 8-14　集中式压缩感知的数据收集流程

（3）在无线传感器网络内部的全部节点，它们都有同样的通信、处理能力及初始能量相同；

（4）在基于时间驱动的数据采集方法下，要求传送的数据总量要超过维护路由时用到的总的数据量；

（5）所有的无线传感器内部的节点对应的感知数据都具备空间的相关性。

在我们的生活中，许多事物都有模糊的特点，所以，在大多数情况下，通过模糊聚类的方法对数据进行聚类处理是很简便的。目前，经常使用的是模糊 C 聚类算法[23]。设在网络内存在 N 个传感器的节点，其集合的表示形式是 $S = \{S_1, S_2, \cdots, S_N\}$，而其对应的位置信息表示为 $DATA = \{x_1, x_2, \cdots, x_N\}$，模糊聚类通过节点的位置信息将其分为 F 个簇，且 $2 \leqslant F \ll N$，则模糊 c 的均值聚类目标函数为

$$J_m(u, v) = \sum_{f=1}^{N} \sum_{i=1}^{F} u_{fi}^m d_{fi}^2 \tag{8-19}$$

式中　u_{fi}——第 i 个节点对应的第 f 个簇的隶属度，$u_{fi} \in [0, 1]$；

　　　v——在簇头节点处的集合，$v = \{v_1, v_2, \cdots, v_F\}$；

　　　d_{fi}——簇内的成员节点 S_i 到节点 v_f 的距离，$d_{fi} = \|x_i - x_f\|$；

　　　m——加权的参数，$m \geqslant 1$；

u——隶属度矩阵，$u = \{u_{fi}\}_{F \times N}$。

簇头集合 V 与隶属度 U 的公式为：

$$v_f^{(l)} = \Big(\sum_{i=1}^{N} (u_{fi}^{(l)})^m x_i \Big) \Big/ \Big(\sum_{i=1}^{N} (u_{fi}^{(l)})^m \Big) \tag{8-20}$$

$$u_{fi}^{(l+1)} = 1 \Big/ \sum_{k=1}^{F} (d_{fi}/d_{ki})^{2/(m-1)} \qquad \forall f, \forall i \tag{8-21}$$

常用的几种模糊隶属函数如下：

（1）三角隶属函数表达式见式（8-22），对应的坐标图如图 8-15 所示。

$$\zeta(x) = \begin{cases} 0 & x < a \\ \dfrac{x-a}{b-a} & a \leqslant x < b \\ \dfrac{c-x}{c-b} & b \leqslant x < c \\ 0 & c \leqslant x \end{cases} \tag{8-22}$$

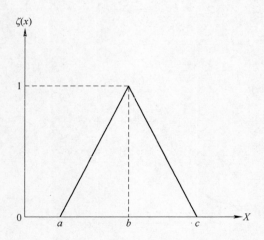

图 8-15　三角隶属函数坐标图

（2）梯形隶属函数表达式见式（8-23），对应的坐标图如图 8-16 所示。

$$\zeta(x) = \begin{cases} 0, & x < a \\ \dfrac{x-a}{b-a}, & a \leqslant x < b \\ 1, & b \leqslant x < c \\ \dfrac{d-x}{d-c}, & c \leqslant x < d \\ 0, & d \leqslant x \end{cases} \tag{8-23}$$

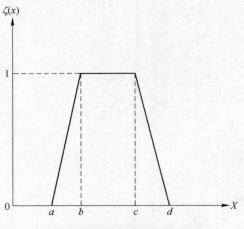

图 8-16　梯形隶属函数坐标图

（3）高斯隶属函数表达式见式（8-24），对应的坐标图如图 8-17 所示。

$$\zeta(x) = e^{-\frac{(x-c)}{2\sigma^2}} \tag{8-24}$$

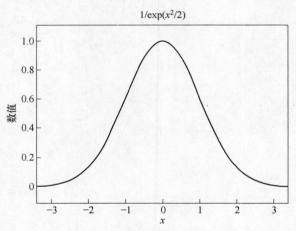

图 8-17　高斯隶属函数仿真图

8.6.3.2　能量模型

设集合 $V = \{S_1, \cdots, S_j, \cdots, S_N, S_s\}$ 为传感器网络中的节点与 sink 节点（S_s）的集合。采用模糊 C 均值聚类算法把无线传感器网络分簇，簇内的节点 S_j 到簇头的节点 v_f 的距离 $d_{iv_f} = \|s_j - v_f\|$，$1 \leqslant j \leqslant N$，$1 \leqslant f \leqslant F$。因为 sink 节点距监测范围的距离远远超过了预定的范围，所以令节点间的分步大约的距离公式满足 $d_{1s} \approx d_{2s} \approx \cdots \approx d_{Ns} \approx d_{v_f s} = d_s$ 并且 $d_s > > d_{jv_f}$。

在现实的无线传感器网络里，内部消耗能量是在传输时消耗能量。所以，本节没有将节点处的运算与维护路由的能量消耗考虑进去。本节与文献 [24] 运用相似的能量模型，其表达式如下：

$$E_{sent}(S_j) = \begin{cases} w(S_j)(E_{elec} + \xi d_{j,s}^2), & d < d_0 \\ w(S_j)(E_{elec} + \xi d_{j,s}^4), & d \geqslant d_0 \end{cases} \quad (8\text{-}25)$$

式中　$w(S_j)$——发送数据的比特数；

$\quad\quad d_{j,s}$——节点 j 和 s 之间的距离；

$\quad\quad d_0$——选择是自由的空间模型还是多路的衰减模型的分界点；

$\quad\quad \xi$——可调参数；

$E_{sent}(S_j)$——数据连接时消耗的能量，$E_{rev}(S_j) = w(S_j)E_{elec}$。

8.6.4　仿真及结果分析

本节数据处理是在 WSN 的汇聚节点处，主要是用基于集中式的模糊 C 聚类算法来判断钨矿井下巷道的舒适度，并将各区域簇头处的温度、湿度、CO_2 浓度数据进行处理来评估最终结果。

根据集中式模糊 C 均值聚类压缩方法，对巷道内的原始数据（温度）进行压缩与重构，如图 8-18 所示。

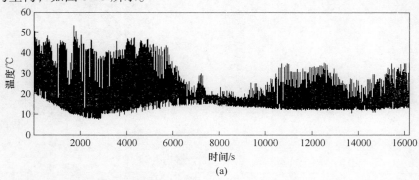

(a)

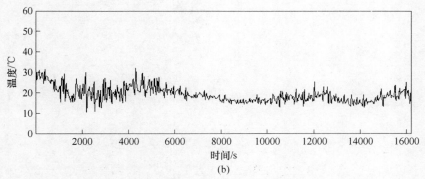

(b)

图 8-18　巷道内原始数据的压缩与重构图

（a）原始信号；（b）联合稀疏模型数据压缩重构

根据集中式模糊 C 聚类压缩方法，对巷道的数据建立系统，如图 8-19 所示。

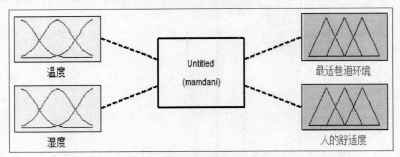

图 8-19　巷道内原始数据的系统示意图

在隶属函数编辑器中，分别输入选定的温度、湿度、人的舒适度以及最适巷道环境的隶属函数并修改变量名。其中输入变量隶属度函数曲线如图 8-20 和图 8-21 所示，输出变量隶属度函数曲线如图 8-22 和图 8-23 所示。

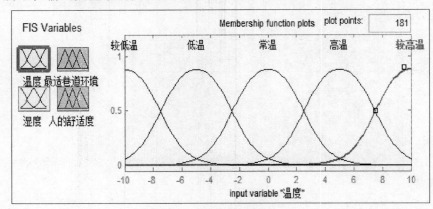

图 8-20　温度隶属度函数曲线

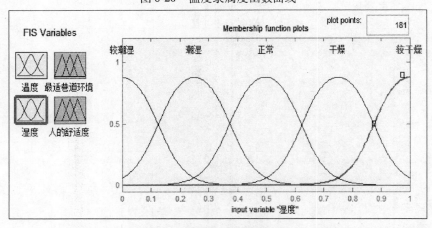

图 8-21　湿度隶属度函数曲线

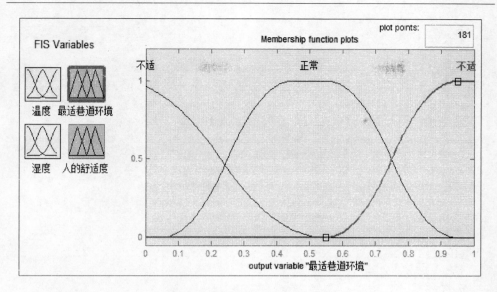

图 8-22　最适巷道环境隶属度函数曲线

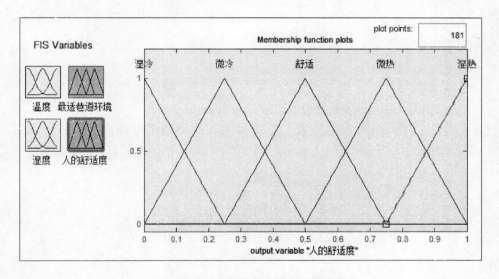

图 8-23　人的舒适度隶属度函数曲线

点击隶属度函数编辑器窗口 Edit 中的 Rules，进入模糊规则编辑器，在输入迷糊规则的过程中，如果想要将输入、输出的某个语言变量取反，则可以选中下面的 not。若输入的模糊规则不正确，则可以利用 Deleterule 按钮删除选中的模糊规则，然后重新添加正确的模糊规则；若不想删除，则可以直接选中 Change rule 按钮修改选定的模糊规则。本节的模糊规则编辑如图 8-24 所示。

将模糊规则输入完毕后，打开 View 中的 Surface，就可以明确看到温度、湿

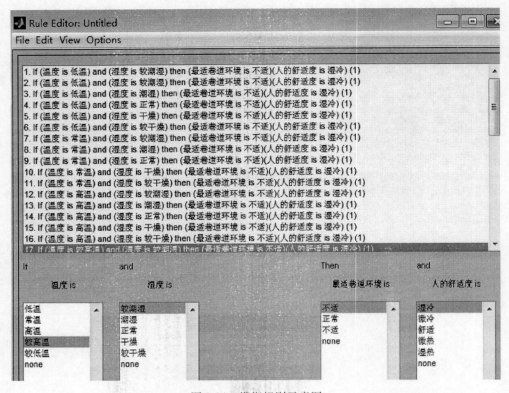

图 8-24　模糊规则示意图

度对人的舒适度和最适巷道环境的影响值。其三维效果图如图 8-25 ~ 图 8-27
所示。

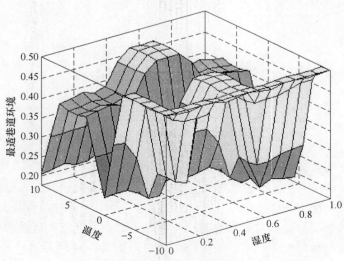

图 8-25　温度和湿度与最适巷道环境的关系

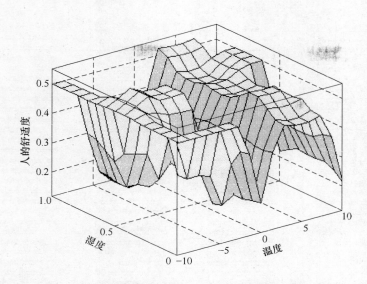

图 8-26　湿度和温度与人的舒适度的关系

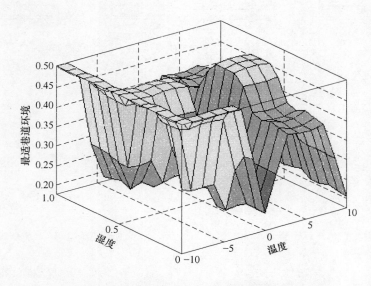

图 8-27　湿度和温度与最适巷道环境的关系

由图 8-25 ~ 图 8-27 可以分析出输入变量之间对最适巷道环境与人的舒适度的关系，可以看出当温值为零，湿度值为 0.5 时，最适巷道环境值为 0.213，人的舒适度的值为 0.214。如图 8-28 所示。根据输出模糊语言值的设置区间，可以综合评估此时最适巷道环境与人的舒适度的状态较好。

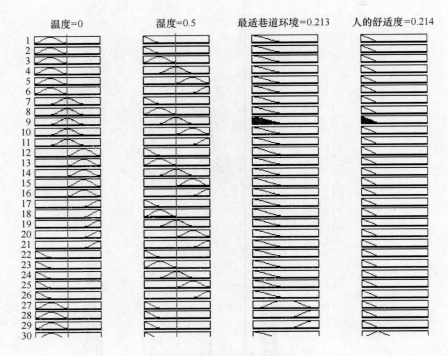

图 8-28　巷道综合评估值

参 考 文 献

[1] 孙利民，李建中，陈渝，等．无线传感器网络［M］．北京：清华大学出版社，2005．

[2] 滕召胜，罗志坤，孙传奇，等．基于小波包分解与重构算法的谐波电能计量［J］．电工技术学报，2010（8）：200~206．

[3] Donoho D. ComPressed sensing[J]. IEEE Trans. on Information Theory, 2006, 52（4）：1289~1306.

[4] 彭冬亮，文成林，薛安克．多传感器多源信息融合理论及应用［M］．北京：科学出版社，2010．

[5] Liggins M, Hall D L, Llinas J. Handbook of Multi-Sensor Data Fusion. Theory and Practice [M]. Second Edition. New York：CRC Press, 2008.

[6] Ilyas M, Mahgoub I. Handbook of Sensor Network：Compact of Wireless and Wird Sensing Systems [M] . USA：CCR Press LLC, 2005.

[7] 何友，彭应宁，陆大．多传感器数据融合模型综述［J］．清华大学学报，1996（9）：14~20．

[8] 何友，薛培信，王国宏．一种新的信息融合功能模型［J］．海军航空工程学院学报，2008（3）：241~244，248．

[9] Baraniuk R G, Cevher V, Duarte M F, et al. Model-based compressive sensin [J]. IEEE Transactions on Information Theory, 2010, 56 (4): 1982~2001.

[10] Daubuchies. Ten Lectures on Wavelets [M]. Philadelphia, PA: Society for Industrialand Applied Mathematics, 1992.

[11] 邵文泽, 韦志辉. 压缩感知基本理论: 回顾与展望 [J]. 电子学报, 2011, 39 (7): 1651~1658.

[12] Wei D, Milenkovic O. Subspace pursuit for compressive sensing signal reconstructio [C]// Proc. 2008 5th Intemational Symposium. Tokyo, 2008: 402~407.

[13] 张茜, 郭金库, 余志勇, 等. 使用小波分层连通树结构的压缩信号重构 [J]. 国防科技大学学报, 2014, 05: 88~92.

[14] 袁静. 基于小波树模型的改进 SP 算法 [J]. 电声技术, 2014, 12: 61~64.

[15] Duarte M F, Wakin M B, Baron D, et al. Universal distributed sensing via random projections [C]//Proc. of the 5thACM Int. Conf. on Information Processing in Sensor Networks. Nashville, 2006: 178~185.

[16] Raymond T N, Han J W. Efficient and effective clustering methods for spatial data mining [C]//Proc. of the 20th Int. Conf. on Very Data Bases. Santiago, 1994: 144~155.

[17] Baraniuk R G, Cecher V, Hegde C, et al. Model-based compressive sensing [J]. IEEE Transacyion on Information Theory, 2010, 56 (4): 1982~2030.

[18] 赵玉娟, 郑宝玉, 陈守宁. 压缩感知自适应观测矩阵设计 [J]. 信号处理, 2012, 12: 1635~1641.

[19] Wang W, Garofalakis M, Ramchandran K. Distributed sparse random projection for refinable approximation [C]//Proc. of the 6th Int. Conf. on Information Processing in Sensor Networks. New York, 2007: 331~339.

[20] Li P, Hastic T J, Church K W. Very sparse random projections [C]//Proc. of the 12th ACM Int. Conf. on Knowledge Discovery and Data Mining. Las Vegas, 2006: 288~296.

[21] 刘芳, 武娇, 杨淑媛, 等. 结构化压缩感知研究进展 [J]. 自动化学报, 2013, 12: 1980~1995.

[22] 尹宏鹏, 刘兆栋, 柴毅, 等. 压缩感知综述 [J]. 控制与决策, 2013, 10: 1441~1445, 1453.

[23] Haupt J, Nowak R. Signal reconstruction from noisy random projections [J]. IEEE Trans on Information Theory, 2006, 52 (9): 4036~4048.

[24] Candes E J, Romberg J, Tao T. Robust uncertainty principles: exact signal reconstruction from highly incomplete frequency information [J]. IEEE Transactions on Information Theory, 2006, 52 (2): 489~509.

附　件

程序 1

```
x = [21. 07
20. 77
24. 49
23. 01
20. 3
22. 9
20. 42
23. 13
20. 41
20. 35
24. 43
24. 04
20. 61
20. 17
23. 8
24. 18
23. 62
19. 85
20. 29
20. 19
];
y = [21. 6
21. 83
22
21. 89
22. 09
22. 35
22. 62
22. 28
21. 65
21
```

```
20. 08
21. 58
21. 83
21. 22
21. 75
21. 35
20. 75
20. 54
20. 65
20. 32
];
plot( x) ;
hold on;
plot( y)
```

程序 2

```
X = [17. 18   16. 52   16. 33   16. 54   16. 49   13. 58]
% 测量均值测量标准差估计值估计标准差%
E = [ ] ;S = [ ] ;
for i = 1 ;6;
E = [ E mean( X( i) ) ] ;
S = [ S std( X( i) ) ]
end
E
S
E0 = mean( E)
S0 = std( E)

% 模糊贴近度 s( Ai,A0)%
s = zeros( 1 ,6) ;
for i = 1 ;6
s( i) = exp( - ( ( E( i) - E0)/( S( i) + S0) )^2) ;
end
s
```

```
scum = 0;
for i = 1:6
scum = scum + exp( - ((E(i) - E0)/(S(i) + S0))^2);
end
scum

% 传感器权重 wi%
w = zeros(1,6);
for i = 1:6
w(i) = s(i)/scum;
end
w

% 最终融合值 x%
x = 0;
for i = 1:6
x = x + w(i) * E(i);
end
x
```

9 总结与展望

9.1 总结

WSN 作为新兴技术，对社会发展有重大的意义。但由于多源信息系统的应用领域不断延伸，使监测区域的无线传感器网络的结构越来越复杂。传感器节点受电池能量、处理能力、存储容量以及通信带宽等方面的限制，将压缩和采样同步进行的压缩感知技术可以在很大程度上解决以上因素的限制。因此，本书对基于无线传感器网络的压缩感知和数据融合优化算法进行了研究。本书的主要研究内容和总结如下：

（1）对 WSN 的发展和关键技术进行了介绍，对无线传感器网络体系结构进行了介绍，针对无线传感器网络技术中的数据传输和管理问题进行了深入的探讨，对压缩感知基本理论进行了阐述；介绍了压缩感知理论的基本原理，对压缩感知理论的组成部分，即稀疏表示、观测矩阵的构建、重构算法分别进行了说明；对压缩感知理论的三个重要组成部分进行了分析，给出了各自的模型。

（2）对压缩感知理论的两个核心问题——观测矩阵和重构算法进行了研究；并根据已有的研究和资料，对不同的观测矩阵和不同的重构算法进行了对比，就其性能的优劣和实现的难易程度做了综合分析，得到结论，梯度追踪算法的重构效果较好，同时计算量较小，较为实用，在总结出来的算法框架上，建立仿真模型，通过 MATLAB 软件进行仿真，并对仿真结果进行分析比较，得出不同种类的算法的优缺点，根据结果对重构算法进行择优选择。

（3）介绍基追踪算法的特性以及运用场合。研究匹配追踪算法和 Bregman 迭代算法等其他的一系列算法，并将它们与基追踪算法进行了对照与比较；给出了用于压缩感知的基追踪算法的程序。基追踪算法需要测量的数据少，而且结果的精度高，但是计算过程太过复杂，不适用于大多数场合；匹配追踪算法重建算法的运行速度比较快，但是需要测量的数据多，恢复精度低；Bregman 算法可以在有限的步骤之中产生精确解，但是运算比较复杂。

（4）对比不同种类的梯度追踪算法的优缺点，根据对比的结果，对重构算法进行择优选择。在解无约束最优化问题时，最速下降法是最简单的一种方法，相比于其他梯度追踪算法而言，它的计算复杂度和存储需求最低，重构时间是最少的，但是收敛慢，效率低，牛顿法虽然具有二阶收敛速率和二次终止性，但要计算 Hesse 矩阵或者有时无法计算 Hesse 矩阵、产生的点列不收敛、目标函数值可能上升。所以从理论上讲，NP 的重构时间要比 GP 多。共轭梯度法与牛顿法相比，其优越性在于不必计算 Hesse 矩阵，搜索方向下降。但在每次迭代中都要计算一个梯度，且必须要保证和前面所有已经计算的梯度共轭，这使得其计算复杂度和存储需求相比于 NP、GP 而言要大得多。

（5）针对具体的应用场景，认真研究了当前该领域的发展现状，提出了在基于压缩感知理论的基础上进行大量数据的融合。通过多传感器数据融合技术建立了结构模型和功能模型，并进行了数据的压缩和重构。采用压缩感知理论中联合稀疏模型的方法，实现了对无线传感器网络底层节点处采集数据的压缩。提出了基于块稀疏系数模型重构的压缩感知方法。仿真结果表明，当原始数据波动较大时，采样频率会自动增加，采样的点数会增多；而当数据波动较小时，采样数据间隔会变大，压缩率可达 80%。分析了分布式的稀疏随机投影算法，并发现了存在的一些问题。针对以上出现过的问题，进一步提出了集中式的压缩感知算法。通过对巷道内各区域传感器节点处上传的三类数据在节点处进行处理，提出了基于集中式的模糊 C 聚类的压缩感知算法。首先将井下巷道环境参数温度、CO_2、湿度等进行模糊化处理，作为模糊输入量，将最适巷道环境与人的舒适度作为输出量；其次，建立输入、输出的模糊隶属度函数以及相应的模糊控制规则；再次，建立模糊控制系统模型；最后，对输出信息进行逆模糊化处理，得出融合后的数据。根据仿真结果可以看出，在温度、湿度两个变量中，只要他们各自在正常的范围内波动，巷道的舒适度始终处于舒适状态；只要有一个变量发生异常，则巷道的环境状况就处于非正常状态。

9.2　展望

压缩感知和数据融合理论是近年来信息领域研究的热点，它将传统的采样定理和数学理论相结合，把信号的采样过程和压缩过程融为一体，极大地简化了对数据的处理，而且与传统采样相比可以大大减少采样次数，极大减轻采样设备的压力。目前压缩感知理论正在逐步发展和完善，在很多领域中都有压缩感知技术的应用。随着大数据时代的到来，数据融合技术展现出很好的前景，也是当前热门研究领域之一。它涉及多学科交叉问题，需要综合很多方面的前沿知识去解决现有问题。在本书的研究过程中，作者查阅了大量的国内外文献，但针对某些问题仍有待进一步深入研究，具体如下：

（1）压缩感知理论仍处于发展阶段，针对构建较好的观测矩阵，目前国内外仍处于根据实际应用构建合适的随机矩阵的状态，还没能突破主观去构造合适的观测矩阵。若能根据数据的压缩需求，主观构造合适的观测矩阵，不仅可能实现大幅度的压缩，还可以精确提取局部数据的重要信息用来跟踪压缩过程。

（2）虽然本书对各类算法进行了深入的研究，建立了相应的模型进行仿真，并根据相应的仿真结果得出不同算法的优缺点，并择优选择，但是要获得既能够克服各类算法的缺点，又能保持现有的优点的新算法，仍然是有待更深层次的分析和探讨。

（3）在大量数据融合的过程中，可以对重要数据进行加密处理，并在传输过程中在节点处进行等待打包处理，这样不仅可以减少时延问题还可以减少节点转发次数，从而实现 WSN 的整体优化。